贝页
ENRICH YOUR LIFE

Cochons: Voyage aux pays du Vivant

与猪同游生灵世界
——全球化简史——

[法] 艾瑞克·欧森纳（Erik Orsenna） 著

马洁宁 译

文汇出版社

图书在版编目 (CIP) 数据

与猪同游生灵世界：全球化简史 / (法) 艾瑞克·欧森纳 (Erik Orsenna) 著；马洁宁译.
— 上海：文汇出版社，2022.11
　　ISBN 978-7-5496-3940-3

　　Ⅰ.①与… Ⅱ.①艾… ②马… Ⅲ.①生命科学—研究 Ⅳ.① Q1-0

　　中国版本图书馆 CIP 数据核字 (2022) 第 242143 号

COCHONS. VOYAGE AUX PAYS DU VIVANT by Erik Orsenna with the participation of Dr
Isabelle de Saint-Aubin
© Librairie Arthème Fayard, 2020
CURRENT TRANSLATION RIGHTS ARRANGED THROUGH DIVAS INTERNATIONAL,
PARIS 巴黎迪法国际版权代理
本书中文简体专有翻译出版权由 Librairie Arthème Fayard 通过巴黎迪法国际版权代理授予
上海阅薇图书有限公司。版权所有，侵权必究。

上海市版权局著作权合同登记号：图字 09-2022-1052 号

与猪同游生灵世界：全球化简史

作　　者 / ［法］艾瑞克·欧森纳

译　　者 / 马洁宁

责任编辑 / 戴　铮

封面设计 / 王重屹

版式设计 / 汤惟惟

出版发行 / **文匯**出版社

　　　　　　上海市威海路 755 号

　　　　　　（邮政编码：200041）

印刷装订 / 上海颛辉印刷厂有限公司

版　　次 / 2022 年 11 月第 1 版

印　　次 / 2022 年 11 月第 1 次印刷

开　　本 / 889 毫米 × 1194 毫米　1/32

字　　数 / 222 千字

印　　张 / 11.25

书　　号 / ISBN 978-7-5496-3940-3

定　　价 / 68.00 元

感谢伊莎贝拉·德·圣奥班医生
（Dr. Isabelle de Saint Aubin）的参与，

献给伊丽莎白·德·丰特奈（Élisabeth de Fontenay）
和吉尔·伯夫（Gilles Bœuf）。

目　录

二、一条产业链的建立

三、行医而不自知

四、生灵世界之旅

五、反抗的形式

六、一个没有动物的世界

七、一颗合伙人星球

前 言

如果没有笔下角色为依托，作家就会一直又聋又瞎：既无法眼观，也无法耳听世界。

这就是为何长久以来，我都在寻找一个能够帮助我讲述某个现实的角色，某个多样而基本、脆弱而顽固的现实（没有这个现实，就没有我们）："生灵"。

所有形态的生灵，不只是人类眼中的生灵，虽然人类以为自己是主人。

你们知道易洛魁人[1]的习惯吗？他们在开大会的时候，每个人在发言之前都会问谁以狼的名义发言。

这个角色，我找到了。

1　易洛魁人是原先生活在北美的印第安人，主要活动区域为今天的纽约州北部，一直到与加拿大的接壤处。今天在美国纽约州和加拿大仍有他们的后裔。——译者注（如无特殊说明，本书脚注均为译者注。）

你们是认识的。它就在那里，很近。

离我们近得很，然而我们却厚着脸皮要吃它。

某天，我听到了它的叫唤声。那是它独有的向我表示同意的方式。

于是，我就与猪一同出发，展开了我们的游历。

从布列塔尼到中国，从最遥远的古代，穿越底格里斯河和幼发拉底河，来到令人眩晕的现代的岸边，在基因操纵和疯狂畜牧之间挣扎。

我们已经踏上了这条路，但别害怕，我们一边遵守着防疫要求，保持着社交距离，一边遇到了许多其他动物。其中包括某些拥有令人生畏的创造力的病毒，还有我的新朋友——拿了诺贝尔免疫学奖的蝙蝠。

我当然不会忘记感谢我的老师们。

我偶然间发现，每周四，克洛德·列维-斯特劳斯（Claude Lévi-Strauss）在我们法兰西学术院的例会开始之前，都会躲在图书馆的隐蔽角落里打一会儿瞌睡。他很客气，对我的经常出现从不表示惊讶。我的职业一直让他感到困惑："怎么会有人只研究经济学？"从那时起的10年间，他每次都会花几分钟时间，慢慢将我治愈。

我要感谢伊丽莎白·德·丰特奈，她的《沉默的走兽》（*Silence des bêtes*，Fayard出版社，1998年）唤醒了我的耳朵。

还要感谢的是吉尔·伯夫和布鲁诺·大卫，他们是我们当代的布丰[1]；还有我的妹妹伊莎贝拉·奥迪思耶（Isabelle Autissier），以及弗朗索瓦·骆丹（François Rodhain）、安娜·贝拉·法约、迪迪耶·丰特尼耶，他们是引领我进入无尽的昆虫世界的导师；还有我的新家，巴斯德研究所所有研究生物的老师。

我怎能忘记菲利普·德斯科拉（Philippe Descola）和多米尼克·布尔格（Dominique Bourg）呢？他们的书名像是安排好了似的：前者是《超越自然与文化》（*Par-delà nature et culture*），后者是《一片新土地》（*Une Nouvelle Terre*）。他们改变了我的生命，尽管有些晚了，但迟到总比不到好！

但请相信我！猪对我的教育一样丰富。

请尽可能忠实地记下我所吸取的教训。

请在粉嫩的它们所给予的忠诚的、嘲讽的陪伴下，畅快地踏上旅途吧！

1　布丰伯爵（Georges Louis Leclere de Buffon，1707—1788）是法国博物学家、生物学家和数学家。他的思想影响了后来的达尔文和拉马克。

一

一段共同的历史

猪的历史也是我们的历史。

　　它始于很久很久以前。故事的开头是6500万年以前的一场最幸福的灾难。

　　恐龙一直到那时还是地球的霸主。它们体形巨大，嗜吃如命，一点食物都不给其他动物留下。

　　然而，它们却突然消失了。一只都不剩。

　　它们是突然全都染上了瘟疫，或是因为某场可怕的火山喷发而灭绝的吗？或是因为某颗巨型陨石撞击了地球，将灼热的灰尘送上大气层从而引发了灾难？无所谓！正好可以摆脱那些体形太大的野兽，给我们这些哺乳动物留出位子！

　　尤其是这些巨兽的长时间统治（1亿年的光景）给了我们足够的时间来检验自己的这套生殖系统的优越性。将后代生在蛋壳中，哪怕是巨大的蛋壳中，也总是有被吞噬的风险。最好在孩子出世之前一直将它保留在肚子里，或放在口袋里（袋鼠是好样的！）。这样一来，我们就能更好地保护自己的骨肉，并且在危险来临之际，带上孩子一起逃跑。

简而言之，该轮到我们统治地球了。

新生代诞生了，并一直延续至今。新生代中包含第三纪与第四纪。我们叫它"Cénozoïque"，根据的是希腊语"kaïnos"，意思是"全新"，和"zoo"，意思是"动物"。[1]

欢迎来到全新的动物时代！

季节更替变换，数百万年过去了。

为了应对各种气候或营养方面的限制，这些新动物们的种类越发多样化。

于是，在欧洲和亚洲之间的某个地方，在某个无法明确的时期，大约在公元前10万到公元前6万年之间，在森林深处出现了一些诡异的生物，响应着最精彩的命运的召唤。

这个家族又分裂成了四个部落。

其中的三个决定去往非洲，它们是毛鹿豚（Babiroussa）、疣猪（Phacochère）和非洲野猪（Potamochères）。它们激动人心的历险故事数不尽，说不完。唉！还是让我们集中精力，关注留在欧

---

1 这里提到的是地质学和考古学术语。地质时代被分为宙、代、纪、世、期、时。恐龙活动于显生宙中生代时期，而哺乳类动物的繁荣和人类祖先的出现均在中生代之后的新生代。新生代由第三纪和第四纪组成，我们今天仍被视为生活在新生代第四纪。

洲和亚洲的第四个部落吧。

那就是猪属（Sus）。

然后，猪属也开始趋于多样化，至少出现了十个物种，其中包括越南野猪、苏拉威西疣猪、爪哇野猪、姬猪……而让我们感兴趣的则是 *Sus Scrofa*（野猪）。

猪的**祖先**就是它，它如同**野猪守护神**一般。

因为自它开始，出现了：

——*Scrofa linnaeus*：生活在树林中的野猪。

——*Scrofa domesticus*：正如其拉丁名所指出的，这是驯化野猪，即我们在农庄里饲养，后来成为我们盘中餐的猪。

种系发生学万岁！这是一门讲授物种祖先的种群，然后分类讲述每一个种群的不同演化路线的学科。谁会在看到这只粉扑扑的小兽的时候，相信它居然有个如此复杂的过去？

很久很久以前，有一只猪……

我们这就要踏上历史和地理的旅途了。

驯化之路

在离我们较近的年代，差不多1万年以前，我们所谓新石器时代（néolithique）正式开启。从历史的这个时期开始，我们与地球之间的关系发生了巨大变革。

以前，我们行走。要采摘，要打猎，那怎么能不行走呢？为了向大自然**索取**些什么，谁能停止行走？

某个阳光明媚的一天，我们的祖先停下了脚步。在两河之间〔希腊语的美索（*meso*），"中间"，和**不达莫斯**（*potamos*），"河流"〕他们刚刚发现了一个天堂。那就是美索不达米亚。一块新月沃土（Croissant fertile）。再也不必到处奔走来寻找食物了。现在最好还是种地，因为什么都能长出来。最好还是饲养动物，而不是精疲力竭地到处追踪它们。

从今以后，我们不再**索取**，而是**生产**。

我们很久以后才明白，这种**生产**也是**索取**。但我们暂且一步一步来。

游牧民族成了定居民族，并很快就集合在了一起。村庄诞生了，然后变成第一批城市。

很久以前，有一些野兽……

在公元前9000—前7000年，新月沃土上的居民们开始驯化这些野兽。

将野山羊变成山羊。

将岩羊变成绵羊。

将原牛变成家牛。

将野猪变成家猪。

此时的狗早已完全告别了蛮荒。

驴子稍后也被驯化，之后则轮到了马。最后一位是猫，它是最倔强的，一直不肯被收编。就是到现在，它打着呼噜的可爱样子还狡猾地掩盖了它仍是猫科动物的事实。

没有人比鲁德亚德·吉卜林（Joseph Rudyard Kipling）[1] 把这段历史讲得更好了：

> 是的，我最亲爱的姑娘，事情说来就来。还是在我们的畜生朋友们还是野兽的时代……

---

1 鲁德亚德·吉卜林（1865—1936）是英国作家与诗人，曾获1907年诺贝尔文学奖。

但事情仍在继续发展。人口迁徙并不是今天才开始的。人类一旦能直立行走，便不会执着于同一个地方。他们一会儿要逃避残忍的新来者，一会儿要忍受饥饿的痛苦（有时候，连最肥沃的土地也未必能够养活所有人），一会儿被好奇心和别处这个双料魔鬼折磨。这（当然）很好。

再见，底格里斯河！谢谢你所做的一切，幼发拉底河！

越来越多的群落向西方，也就是欧洲中部迁徙。与他们一起迁徙的还有他们全新的农业和畜牧方法，以及从今以后成为家庭的一分子的家禽家畜。当地居民对他们的到来投以好奇的目光，尤其是对看起来很像他们的野猪的家猪。后者要更加温顺，几乎达到了亲人的地步，而且长得也更胖。我们可以想象，交易一定会发生。但把这些新近驯服的野兽放回森林是不可想象的：驯服它们可费了太多力气。在巴尔干半岛，新的亚种正在发展，且离它们的野蛮表亲越来越远。

感谢遗传学，我们终能追随动物的发展史。

根据我在里昂的动物考古学家朋友所搜集的信息，猪的驯化似乎是顺着两条道路进行的。

第一条路一路向西，一直没有离开多瑙河畔，然后又北上来到凯尔特人居住的地区。

第二条路缓缓沿着地中海沿岸而行。

于是，物种之间出现了差异，并渐渐得到改良。因为罗马征服者让整个欧洲都享受到了越来越高效的畜牧技术。在物竞天择的作用之下，动物们的个头越来越大，肉质也越来越肥美。比如高卢地区就拥有不计其数的猪群，任何人都会赞叹其贪吃：仅仅一个高卢地区的猪就能吃尽城市里所有的垃圾，让城市适于居住。

4世纪和5世纪的蛮族入侵在很长时间内中断了这一美妙的急进。分隔农场与森林的栅栏被打开。温柔可爱的猪群变得难以驯服起来。当和平最终回归时，人们不得不回归将近1万年前，在伊拉克和叙利亚之间开始的历程。

对于那些对物种和生命起源感兴趣、想知道这些最初的家猪的样子的人来说，另一场旅行开始了。地点离我们更近，那就是世界上最美丽的岛屿：科西嘉岛。

科西嘉美索不达米亚万岁！

从韦基奥港（Porto-Vecchio）[1]出发，D368省道快速地向高海拔爬升。

森林与童话般的美景，包括其巨大的岩石和盘根错节的树木从洛斯培达尔高地（L'Ospedale）开始出现。

过了勒维（Levie）之后，请继续攀爬至少1千米，沿右手边库库鲁祖史前遗址（Cucuruzzu）小道前进，然后往左转，我们就到了。阿皮纳塔（A Pignata）"炖锅"旅店（04 95 78 41 90）的栅栏门前，等待我们的是古老而强大的罗卡·塞拉家族（Rocca Serra）的一支后裔。这位是族长安托万。他的妻子莉莉因身体不适而缺席，请大家见谅。但两个儿子都在场。一个也叫安托万，另一个叫让–巴普蒂斯特。

---

1 韦基奥港是位于科西嘉岛东南部的市镇。

我们马不停蹄地爬上一辆小平板卡车，顺着一条林道出发了。我们在路上稍作停顿，向6个大圆桶里装满麦秆和玉米棒。海拔攀升在继续，现在还伴随着长长的汽车鸣笛声。于是，从森林里不断蹿出个头大小不一的猪，巨大的公猪和它的孩子们一样饥肠辘辘，场面堪称壮观：它们奔跑着，相互冲撞着，很快便为了食物打起架来。真是让人一想起来就激动的场景。在我们面前争相出现的是仅存的新月沃土的鲜活遗迹。这就是我们所谓"*porcu nustrale*"，或者叫"*nustrales*"（科西嘉猪）。

　　第一批家养猪来自近东地区，它们在驻扎全欧的过程中逐渐与其他猪种杂交。它们的祖先很可能是在某个晴天，乘着一艘腓尼基船来到此地的，因为岛屿的关系而得到了保护。是的，请你们相信我，我有的是证据：从猪的角度来看，科西嘉岛就是美索不达米亚的一个板块。

　　到了晚上，在晚餐时（猪肉制品大杂烩，有色拉米香肠、熏脊骨肉、猪里脊香肠、腌猪头肉、生火腿、猪头肉冻，之后还有木烤猪肝香肠，配一瓶美酒——Tarra di Sognu红酒，意为"梦想之地"，酒如其名），当我向他们讲述这段历史时，罗卡·塞拉家的人都一脸震惊。

　　——你们以前没听说过这段历史吗？

　　——是你告诉了我们。

　　没有什么比一个非科西嘉人告诉科西嘉人一个新的爱上科西嘉的理由更美妙了。

来自历史深处的纠缠

喀耳刻（Circé）是一个奇特的人，在荷马（《奥德赛》）和奥维德笔下（《变形记》的第十四卷）都曾出场。

她的名字来自 kirké，即"猎物鸟"。

这位女巫是赫利俄斯（Hélios，太阳神）和珀耳塞伊斯（Perséis，3000 位海洋女仙之一）之女。她的强大法力令人生畏。出于这个原因，人们战栗着将她描述成 polypharmakos，意思是"对各种药物和毒物极其精通"。

她选择定居于地中海沿岸、罗马和彭蒂诺沼泽地（marais Pontins）南部的一座高耸的山丘之上，航海者从很远的地方就能望到它。

尤利西斯和他的伙伴们就如同在他们之前来到此地的众多旅行者一样，堕入了陷阱。

在被奥维德的叙述带往远方神游之前，大家要知道，在今天，被变成动物的恐惧已经缓和不少了，但在那时还困扰着人们，而且这种困扰一直持续到中世纪末。

听听奥维德借玛卡瑞俄斯（Macareus）之口所讲述的故事吧：

然而，一艘载着我本人和尤利西斯的船逃过了海难。我们失去了一些同伴，痛苦万分。在哀叹多时之后，我们靠上了岸，你从这里往远处望就可以看到。……华丽的大厅尽头，喀耳刻正坐在高高的王座上，身着一件耀眼的长裙，外面还披着金丝编织的外套。海中女仙和宁芙们围在她的身边，但她们的一双双巧手却并未用来织毛衣、纺纱线：她们照料花草，将遍布四处的鲜花和多彩的野草随意地分散在一只只篮子中。喀耳刻本人聚精会神地看着她们劳作；只有她才懂得如何使用每一株植物，以及怎样才能将它们有效地混合在一起；同时她还要认真监督草药的分量。

她看到我们，一番寒暄之后，便开颜微笑，并以善意回应了我们的好言。她迫不及待地下令送上一份混合了烤燕麦、蜂蜜、烈酒和牛奶冻的饮品，还在其中加入一些汁液，其味道隐没在了饮品的甘甜之中。我们从女神的手中接过她递来的杯子。当口渴难耐的我们大口吞尽杯中物，在这位残忍的女神用她的魔杖点了我们的发梢之后，我要满怀羞愧地承认，我感到身体突然竖起了鬃毛。我说不出话来，而是只能发出些低沉的呼噜声；我向前扑倒在地，整张脸朝下；我还感到我的嘴正在变硬，变成了向前拱出的猪嘴；而我的头颈肿成了厚实的肌肉，刚才还端着酒杯的手着了地。我的同伴们也因为这副药剂的巨大威力，遭到了类似的变形。我们被一并关入了猪圈。我们看到，只有欧律洛克斯（Euryloque）一人没有变成猪的样子：他拒绝了提供给他的饮品。

让我们记下喀耳刻的怪癖。

她为何要施展她的特殊本领，为了——

1. 将所有探访此地的人类变成野兽？

2. 并在他们变得又蠢又野之后，又立刻将他们驯服？

如果喀耳刻只是满足于收服路过的水手们，那不就能省下她不少事吗？或者要这么想，驯服野性这件事恰恰能激起这位**千灵毒女**（poly-pharmakos）的兴趣？请大家去见识一下女巫的幻想吧。

让我们重新回到奥维德的故事中。

尤利西斯要是早知道会发生如此可怕的不幸，就不会去找喀耳刻寻仇了。库勒涅山（Cyllène）的守护神早给了他一朵根系是黑色的、被天神们唤作莫里（moly）的白花。有了这朵花护身，再加上天神们的良言，他成功闯入喀耳刻的宅邸。她请他饮一杯这可憎的汤药，并想借机用魔杖轻点他的头发。然而，他将她推开，仗剑威胁她，迫使惊慌失措的喀耳刻放弃她的谋算。于是，他们便执手交换了忠诚的誓言。在床第之间，尤利西斯要喀耳刻归还他的同伴们，作为他们结合的回报。她用魔杖敲了我们的头，并嘀咕了几句话。……随着她咒语的生效，我们离地站了起来，鬃毛褪去，蹄部的分叉消失，肩膀重新舒展开，小臂也从上臂延伸了出来。尤利西斯哭了。我们也哭着用双臂抱着他的脖子，紧紧地亲吻我们的头领。我们在此地逗留了一年之久。在这期间，我亲见了许多场景，也听到了许多故事。

对精神分析学不必懂得一清二楚也能体会到尤利西斯的拯救之剑所代表的强烈的雄性象征。大家也该承认的是，在现今的氛围下，这个故事多了一丝别样的味道，一种政治特别不正确的意味：揭发你的男人还是征服你的猪？[1]

很久以前，有一位女巫之王，除了将暂靠在她的海角之下的无辜航海者变成猪之外，就没有更要紧的事可做了。

---

1 原文是 "balance ton homme ou apprivoise ton porc?"。这是作者的一个文字游戏。他借用了法国女权主义于 2017 年在社交网络上发起的 "balance ton porc"（揭发你的猪）运动。运动的宗旨是在社交网络上指名道姓地揭发女性在职场上遭遇的性骚扰和性别不公现象。这场运动几乎与起源于美国的 "me too"（我也是）运动同时出现，后来随着好莱坞韦恩斯坦事件的发酵而在法国掀起了不少舆论浪潮。法国政商文娱各界和媒体对此运动的目的、内核、形态和影响反响不一，并不像美国几乎一边倒地支持"政治正确"。许多学者、作家和艺术家对这一运动中所提倡的做法并不赞同，认为其对法治社会、民主原则、言论自由等共和国立国基础造成负面影响。

骇人的相似

很抱歉要毫无征兆地告诉你们，你、我、你亲爱的妈妈、美国的詹姆斯舅舅、已经死了的莫扎特和爱因斯坦，还有我们之后的子子孙孙，我们的内部身体结构，基本上跟——猪一样。

发现我们和猪沾亲带故，这让某些人很高兴，却让另一些人感到恶心。这个发现说来话长。

从人成为人开始，也就是说，从成为猎人和战士开始，人在日常生活中就常有发现身体内部的机会：他为了吃得更好而将猎物开膛破肚，为了更畅快地享受敌人的死亡而观察其伤口。而当他失手时，亲人便会观察他，想着如何将他治好。

人们一直等到公元前5世纪的希腊，常被誉为"医学之父"、各种传奇加身的希波克拉底的出现，才得以将这些观察以真正科学的方式系统化。

但认识进展得十分困难，因为人的身体始终是神圣的：解剖人体一般是被禁止的。于是，人们便寻找起人与动物之间的类似之处。第一篇相关论文由加里斯图的迪奥克莱斯（Dioclès de Carystos）[1]撰写，名为《动物解剖》（*Anatomie animale*），它可能还启发了亚里士多德（公元前384—前322）：

> 人体的内部被特别地忽略了，以至于需要参考其他体内结构与人接近的动物的内脏才能开展研究。

在亚历山大大帝之后，在公元前3世纪开始掌权的托勒密王朝治下，规则发生了改变。不仅研究尸体得到了允许，而且伟大的亚历山大城居然也突然允许将……**活人作为研究的对象**：监狱里人满为患，使用这些罪人有何不可呢？

据史书记载，超过600个倒霉汉被活生生地绑在石桌上，屈服于痴迷生肉的学者的好奇心之下。人们将他们开膛破肚，横切竖划，大卸八块，探个究竟。简而言之，就是解剖人体。人们既不担心被这么折磨的人是否会感到疼痛，也不理会他们的尖叫。这个自由得骇人的时期持续将近50年，直到不堪骂声的当局重新考虑了他们的决定。两个名字流传至今：两位亚历山大城的"大师"——埃拉西斯特拉图斯（Érasistrate，公元前304—前250）和希罗菲勒斯（Hérophile，约前330—约前260）。其实，我们应该发现，这半

---

1 加里斯图的迪奥克莱斯生活于公元前4世纪，是主要在雅典行医的医生，其医术被认为仅次于希波克拉底。

个世纪极大地增进了人们对人体解剖学知识的了解。这个时期一结束，医生们就又不得不回到老办法上去：私下找尸体来研究和以动物替代，而后者其实和亚历山大城的囚犯一样都是生灵。

下一位更尊贵的伟人就是盖伦（Galien）。

生于小亚细亚的帕加马城（Pergame，大约公元129年），盖伦在罗马行医，并为好几位皇帝看病。他是第一个对从北非运来的猕猴感兴趣的人。这些猴子来到了他的住所，同时也是一座真正的动物园，因为到处都有野生和家养动物。在对猴子进行了不懈观察之后，他总结出了一些医学原理。这些原理后来形成文字，成为法律（也就是说，不遵守就会受到惩罚）。

很久以后，对解剖学进行研究与教学的场所增多了：蒙彼利埃（于12世纪初开设了世界上第一座医学院）、博洛尼亚、巴黎……教会容忍在这些地方出于教学目的使用尸体。弗拉芒人安德烈·维萨勒（André Vésale）于1563年公开实施了第一次人体解剖。

与此同时，对动物身体的探索仍然在继续。从很久之前开始，信仰基督的作者们就已经承认了人类有三个表亲：

1. 猴子——即使尤其要对它保持谨慎。如果说世上有魔鬼般的动物的话，那就是猴子了：其实，它与我们很不一样，只是装出和我们长得像的样子。

2. 熊——因为从外表看，它简直和我们一样：一样笨拙，食欲大开的时候一样残酷，一样嗜糖。

3. 猪——和我们最亲的表兄弟莫过于它嘞。因为我们和它的"内部是一模一样的"。

首先是器官的配置十分相似。请打开两具身体，一具猪的身体，一具人的身体：里面的布局如此相像，你们简直会搞混。生命的结构以同样的方式搭建。

然后是大部分器官的相似。

看看它的心脏！简直会被当成是我们的心脏！同样的重量，同样的外形。而且，如果我们将其打开的话，会发现心腔也完全一样：同样的心房，同样的心室。我们明白了为何参与心外科手术实习的医生会用猪心脏这个完美的模型来操练。

猪的消化系统也与我们的相仿。因为它与牛不同，却与我们一样，只拥有一个胃，从而限制了它存储食物的能力，并迫使它每日进食。而且和我们一样，胆汁（来自肝脏）和胰腺液也帮助消化食物。

肺：略有不同。

至于生殖系统，猪也有两个睾丸，也是包裹在阴囊中，落在大腿之间。它还拥有同样的前列腺。母猪则有两个卵巢和两个相同的输卵管。

然而，我们还得记得猪尚有三大独特之处：它的阴茎勃起时能达到60厘米。龟头是……螺旋状的。民间信仰被证实了：猪确实拥有"开瓶器状的下体"。而且它的射精量可达半升。

它的内分泌系统就像我们的翻版（或者说我们才是它的翻版）。

没有一个生灵的皮肤比猪皮更像人皮了：其色泽取决于种

族，从近乎白色的淡粉色一直到乌木般的黑色。由于没有任何厚重皮毛的保护，也不能指望散乱的毛发，猪皮也深受紫外线的侵害。和我们一样，猪也会"晒脱皮"，并罹患皮肤癌。

猪像我们一样，主要通过尿道清除体内垃圾（每日4升）。造物主简直是以我们为模板来设计猪的肾的（或者相反）。

至于它的神经中枢系统，则实质上与人类并无二致。

简而言之，这一奇迹般的相近使我们能够获得更多关于我们自己的生理学知识。

基因学解释了这一近亲关系。如果说我们与黑猩猩和倭猩猩分享98%的基因的话，那么与猪的相似基因则超过95%。由法国国家农学研究所参与，并于2012年发表在《自然》（*Nature*）上的一组国际性研究的长篇报告评估了我们与猪各自的能力，而我们的优势并不经常在对比中显现。

比如说，猪比我们拥有更多嗅觉基因（它的嗅觉更加敏锐，所以人们才用它来寻找松露）。然而，猪拥有的与感知苦味有关的基因却较少：这一不足使它能够吃下任何东西，尤其是让我们反感的垃圾。

最后一种方法是行为研究，而这一研究证实了我们与猪之间的近亲关系。猪喜欢生活在同类之中，而且和人一样，它毁坏生存环境却似乎不自知。

我们的调查才刚刚开始，人与动物之间的界限就已经被打破了。

法国的国旗上为什么有蓝色？

"猪类真朋友"秘密协会赞美米歇尔·帕斯图鲁（Michel Pastoureau）。如果他不是如此谦逊的话，本可以交出一份法国大学史上最令人不可思议的履历。他先在法国国家图书馆的证章管理部门担任了部长，然后在被人们尊称为"高等研究院"[1]的地方获得了历史学教授和中世纪象征专家的教席。要知道，他从童年开始，就选择了人生两大学习方向：动物和色彩。某个阳光灿烂的日子里，他决定将他的两大热情结合起来。

请读《被猪杀死的国王》（*Le Roi tué par un cochon*）[2]！

大家会获得无数知识，并且尤其能知晓蓝色意外地变成法国的代表色的原因。

---

1 这里指的是法国高等研究实践学院（École Pratique des Hautes Études）。
2 Seuil出版社，2015年。——作者注

大家也会明白猪在古代社会中占据着中心位置。

1131年10月13日的晚上，法王路易六世的长子菲利普骑着马游荡在巴黎东部的某条街上。那年，他15岁，被簇拥在一群嬉闹的伙伴中。他们刚刚在附近的万森森林里打完猎。

突然之间，一头正被一群孩子追赶的猪从左边冲了出来。中世纪的城市里出现猪并不稀罕，很久之后，它们才会被圈养起来。猪随心所欲地游荡，它们是天生的清洁工，以垃圾果腹，而没有它们的话，垃圾就会侵占公共空间，污染空气。

这头猪冲撞了马，激得后者直立起来。马上的人掉了下来，头撞到了石头；马也顺势倒在了国王之子身上，将他压住。

路易六世闻此消息，便与王后赶了过去。菲利普不久之后就死了。所有在场的人都描绘着他的父母的悲痛。整个国家都在这则消息传遍之后陷入哀悼，而恐怖则随之而来。

中世纪始终被符号和宗教文化纠缠着。

任何坠马都是上帝的警告。难道不是上帝本人在使徒保罗去往大马士革的路上，使他扑倒在地的吗？[1]每个人都记得天主的话："为何？为何你要迫害于我？"王子之死会不会是对他的父亲——路易六世的惩罚？因为后者已酝酿多时，决定将国家从教会的权威之中解脱出来。

---

1 保罗原本是迫害基督徒的人，他在前往大马士革的路上被上帝击倒，听见耶稣的声音，从而转变了态度，加入了基督教，成为了上帝的使徒。这则故事记载于《新约》之中。

还有另一个传言，且影响越来越持久：这头猪会不会是魔鬼派来的？人们对**魔鬼之猪**（*porcus diabolicus*）喋喋不休。法国是不是被诅咒了？

尤其值得注意的是，这个菲利普不仅仅是路易的长子。两年前，在复活节那天，兰斯大主教庄严地为他加冕了"幼王"（*rex junior*）头衔。他就是**另一个国王**，**被指定的国王**。

另外，讽刺的是，菲利普在希腊语中的意思是"马的朋友"。

在米歇尔·帕斯图鲁重现的这段历史中，最常出现的用来形容王子之死的词是"可耻"（infâme）。这个词来自拉丁语 *infama*，意即"伤害名誉（*fama*）的"，名誉即名声、荣誉。这场由不洁之兽引发的事故是一个污点，一个波及王朝和整个王国的污点。每个人都在扪心自问：我们是不是**被诅咒**了？

后来发生的一系列戏剧化事件并不能让人安心。焦虑席卷了整个国家，尽管群臣纷纷赶到被悲伤吞噬的可怜的父亲身边，对其进行象征性的安抚。他们中带头的就是圣德尼教堂的神父，即权力很大的苏杰主教。

菲利普被安葬在这座作为王室墓地的教堂之中。这也是为了让人们不要忘记他也曾经是国王。两天之后，他10岁的弟弟路易（Louis）在兰斯由教皇英诺森二世加冕。教皇在场是一个幸运的巧合，因为他当时正在参加一个小型主教会议。

路易六世死于6年之后（1137年）。当时的王国已经一点一点开始重拾信心了，尤其是因为它的领土刚刚扩大了足足三分之一。年轻的路易与阿基坦公爵的女儿埃莉诺（Aliénor）的联姻为法兰西的王座带来了卢瓦尔河和比利牛斯山之间的大块土地。

唉！新的政权以一系列灾难性的决定开始。全民普选也许没法保证能一直选出好总统，但世袭制的偶然性则会带来灾难。

路易七世会成为国王，完全是因为哥哥遭遇了意外。任何事，以及包括他本人在内的任何人，都没有帮他做好承担这一责任的准备。在各种其他的愚蠢决定之外，他尤其选择了以军事介入拉乌尔·德·维尔芒杜瓦（Raoul de Vermandois）和蒂伯·德·香槟（Thibaud de Champagne）之间的家族矛盾。路易的士兵们先是将维特里–勒弗朗索瓦（Vitry-le-François）团团围住，然后杀进城，将其一抢而空，之后在上千名居民避难的教堂里放了一把火。

这立即激起了全国的愤怒。

魔鬼之猪正睁一只眼闭一只眼地打着瞌睡。短暂的平静过后，它的诅咒再次降临在法国。

克莱沃地区（Clairvaux）的主教贝尔纳命令路易这个罪人召集一支军队……去将巴勒斯坦的圣地从不信主的人手中解放出来。这次东征的结果尤为糟糕。因为它不过是巩固了穆斯林的征服，葬送了法兰西骑士会这朵奇花，并掏空了法国国库。

难道还是同一只猪的恶灵，邪恶而固执地将王后埃莉诺推向离婚？更糟糕的是，她还要将整个阿基坦地区赠送给她年轻的新丈夫亨利·普朗塔日奈（Henri Plantagenêt）[1]，后者在两年后将成为英格兰国王。

一直负责调停的苏杰主教几近绝望，最后只能向上帝之母，也就是圣母玛利亚祈祷。

圣母的特点是在三个时间段均为处女，分别是在耶稣诞生之前、在生产期间和她的余生。

还有比她更合适的纯洁的化身吗？

还有谁能协助人们彻底抹去过去的污点？

为了抑制街上某只下流的猪引发的血案产生的骚动，法国被纳入圣母的庇护。

感谢米歇尔·帕斯图鲁，使我们能够在中世纪的符号体系这座最美妙的花园中漫游。

上帝之母化身为一朵花，那就是百合花。它的三瓣花瓣分别代表贞洁、多产和王权。

它的颜色是蓝色——天空的颜色。

王室的纹章也是由此模仿而来的：**天蓝底色上洒满金色的百合。**

在那之前一直被看不起的蓝色传播开了。请大家看看蓝色在各大教堂的彩窗上所占据的位置吧。

大革命时期也将采用蓝色作为国家的颜色。革命党人将身着

1　即金雀花王朝的第一任国王亨利二世。

蓝色，来到旺代地区（Vendée）迎击**白军**（保皇党）。甚至直至今日，法国人难道不是把他们光荣的国家足球队叫作**蓝军**吗？

三色国旗很快就将以蓝色起始。

今天，谁会想起要感谢1131年10月13日出现的那头**魔鬼之猪**？

编年史讲述了两个世纪之后，另一位菲利普，法王"美男子"菲利普在阴暗的阿拉特（Halatte）森林遭到一头**巨大的野猪**的袭击之后，伤重而死。

动物审判

　　谋杀了幼王菲利普的**魔鬼之猪**很走运。要是发生在几十年之后，它就会被逮捕、裁定，然后判处死刑。

　　动物审判从13世纪中期才真正开始。在那个时候，基督教正饱受各方冲击，并为了自保不断对异端、不信教者、边缘人士、疯子和……动物进行审判。

　　克洛汀·法布尔－瓦萨（Claudine Fabre-Vassas）在她的一本既有趣又骇人的著作中讲述了某个名叫耶罕·马丁（Jehan Martin）的孩子的故事。[1]公元1386年，5岁的他在贡比涅地区被一头母猪吞噬。这头野兽被立即"没收，并被使用了最新酷刑，最后以倒挂后腿的方式被吊死"。在法莱斯（Falaise），另

---

[1] 这里提到的书为《奇特的野兽，犹太人，基督徒和猪》（*La Bête singulière, les Juifs, les chrétiens et le cochon*），由巴黎的 Gallimard 出版社于1994年出版。——作者注

一头母猪也犯下了类似的弑婴罪。它的结局也很悲惨：它的嘴被切开，然后被绞死。但在过去，人们会给它戴上手套，穿上外套和短裤。

这样的动物审判将持续到18世纪中叶。

按照逻辑，这些审判假定了动物应该背负的**责任**，以及**意识**的存在，尤其是善与恶的意识。从13世纪开始，神学家就开始思索：如果说猪的身体如此像人的身体的话，如果说这头家畜每天都在证明自己拥有解决问题、感恩和眷恋的能力的话，那是否应该迈上一层新的台阶，从与我们的相似性中推断出猪也拥有灵魂呢？如果它的灵魂存在，那会是怎样的**灵魂**呢？

这些问题仍然悬而未决，直到今天仍引起争论，但却是围绕人施加于他们的动物兄弟身上的苦难。我们之后还会回到这个问题上。

瓷器

你们知道这么精巧的材质是从何得名的吗?

这份功劳要归于那位名声显著的威尼斯商人。

号称在1271—1295年数次**真的**抵达了中国的马可·波罗,在某次旅行过程中,宣布在当地发现了一种上等的半透明细瓷,对此欧洲人还一无所知。他把它命名为*porcelana*,因为它的亮泽和珠光让他想到罗马人痴迷的贝壳,后者将这种贝壳叫作*porcelana*,因为它的样子类似……母猪的外阴(*porcella*)。

此后,中国人将在欧洲卖出很多瓷器,并且成功将他们的制造秘密保守了将近5个世纪之久。一个名叫昂特雷科莱(père d'Entrecolles)的年轻耶稣会士,命中注定般地[1]当起了工业间谍

---

1 这位神父的姓是"Entrecolles",其中"entre"的意思是"在……中间","colle"的意思是胶水。这似乎正是他所做的事。

先驱，泄露了中国使用的原材料：高岭土。这是一种脆弱而耐火的白色黏土，与外形让人遐想联翩的贝壳毫无关系。

马可·波罗再一次耽溺于他的想象力之中。

但我们也别忘了连科学家们也会天马行空。名叫*porcelaine*的贝壳所属的家族名叫*cypréidés*（宝螺属），来自希腊语*kuprys*，它是爱情女神阿佛洛狄忒的另一个名字。

荒唐的"叉蹄税"

    任何想要进入斯特拉斯堡城的犹太人都必须缴纳一种税,一种针对犹太人的税。这种税很快就被叫作"叉蹄"税。经过各种斗争,这一"绝妙"的税种才在启蒙时代尾声时被废除,具体的时间是1784年。

    亲爱的读者,如果哪天天气好,你们突然想知道我们的祖先曾犯下怎样的杀戮行径,请阅读克洛汀·法布尔-瓦萨的精彩调查[1]。

    基督徒与犹太人的差异还是不太明显,一个人总体上总是更像另一个人,而不是一匹斑马或一只金龟子。因此,为了区分二者,有人将注意力投向了饮食传统。

    基督徒吃猪肉,犹太人不吃。正是利用了这一点,一系列荒

1　此处同样源自《奇特的野兽,犹太人,基督徒和猪》一书。——作者注

唐事发生了。

好事者一发不可收拾地列数起犹太人的本质是猪的证据：

1. 和公猪要被骗一样，犹太男孩要割包皮。

2. 猪的皮肉都是红色的，犹太人的皮肉也是的，即使后者有意掩饰：叛徒犹大不就是一头红发吗？

3. 和所有红色生物一样，猪和犹太人的**体味都很大**。

4. 猪吃垃圾，就像犹太人什么都不愿浪费。

5. 当惩罚猪或犹太人的时候，两者被处死的方式都是被倒吊起来，头朝下。你能想象法国的司法部门对犹太人实施这种做法仅仅是出于巧合吗？

6. 还有个说法让人更难以相信，但却在全欧洲流传了几个世纪，那就是关于家畜饲养的扭曲理解。在一个家庭中，养猪就是一种储蓄的好方法。人们在一头小猪身上投资，它一旦被养得足够肥壮，就是可以杀了或者卖了。所以，猪成了有息借贷的化身。结论：猪是放高利贷者，而放高利贷的就是犹太人。

7. 最后一条十分精彩。要是夜里讲仪式谋杀和滴血的献祭牲畜这类骇人的故事的话，我们肯定会吓得发抖。就像某些猪会吃自己的小猪一样，有人觉得犹太人也会在逾越节的时候生出一种献祭孩子的阴暗而迫切的欲望。因为犹太人自己的孩子是神圣的，所以他们就打起基督徒小孩的主意。献祭的方法倒不太明确。但血是犹太人的禁忌，所以它肯定会对他们散发出难以抑制的吸引力。血扮演着主要角色。这就又要扯到经期妇女头上了。

几个世纪间，这类荒唐的故事所引发的谣言搅乱了有识之士的头脑。除此之外，还有乱伦和异乡人，同类和异类，母和公，垃圾和食物，性情和血液，猪和人，基督徒和犹太人等概念混淆进来，无休无止，毫无道理。

我们怎么能不想到萨特那几句不留情面的话呢？德尔芬·奥尔维勒（Delphine Horvilleur）还将这几句话作为她的《反犹问题的思考》（*Réflexions sur la question antisémite*）一书的开场白。

反犹者是一个感到恐惧的人。显然不是恐惧犹太人，而是害怕他自己，他自己的意识、自由、本能、责任、孤独、改变、社会和世界；他害怕一切，除了犹太人……他想当无情的岩石、愤怒的激流、摧枯拉朽的雷电：他想当一切，除了人。

探访国家自然历史博物馆

以前的皇家植物园变成了国家自然历史博物馆。这是献给巴黎人最好的礼物。一踏入居维叶路（rue Cuvier）57号的大门，你们就会远离城市的喧嚣，进入一连串的魔幻王国。那是生灵的国度：高大的树木教给你们阴影与时间，动物与植物教给你们物种多样性，博物馆的长廊引领你们领略进化的过程。请竖起耳朵：在这里，连石头也会说话。

这60年以来，我常出入此地，上课学习。请想象一下，正是在布丰伯爵（1739—1788年任馆长）从前的办公室里，吉尔·伯夫带我发现了蜻蜓（和空客飞机比起来）绝对的飞行优势。正是在那里，芭斯卡尔·乔阿诺（Pascale Joannot）不无羞涩地向我讲述了珊瑚的"放荡"行径；也是在那里，布鲁诺·大卫向我提供了关于南半球深处的最新消息。

你们应该已经明白：我对这个地方的爱来自沉迷。当某个荒谬的理由让我无法进行我的每周例行游览的话，我就会通过阅读布丰伯爵的文字得到慰藉。他是法兰西文笔最优美的作者之一。

请评判。

马：

人类最崇高的征服就是驯化了这一骄傲而暴躁的动物。马为人分担战争的疲惫，与人分享战斗的光荣；它与主人一样无畏。明知危险却迎面而上，耳熟于兵戈声，甚至爱之，觅之，与人一样热烈求之；它也分享人的快乐，不论是狩猎，比武，还是赛马。它容光焕发，迸发激情。但它不仅勇敢，也十分温顺。它绝不会意气用事，懂得克制自己的行动。它不仅屈从于向导的指挥，还会听从人的欲望，总是见机行事，提速、缓步或驻足。它为了满足人的欲望而行动。这是一种放弃自我、只为他者的意愿而存在的生物。它甚至会做出预判，敏捷而精准地用动作表达和执行，恰如其分地感知人的渴望。人要多少，它就给予多少。它毫无保留地付出，从不拒绝，全力以赴，超越自我，甚至为服从而死。

母羊：

动物的爱是最强烈、最普遍的。爱也是唯一能够赋予公羊以部分生机和活力的东西。它会变得活跃，会斗争，会冲向其他公羊，甚至有时候会攻击牧羊人；但母羊则不同，即使在气头上，它也不会显得更活跃、更激动。它只是有足够的本能不去拒绝公羊的求欢，选择自己的食物和认出自己的小羊羔。由于本能是机械性的，或者说是内在的，所以才更加坚定：小羊羔可以自己在羊群中寻找并抓住它母亲的乳头，从来不会搞错。有人说，羊对悠扬的歌声非常敏感，伴着芦笛声，它吃草会吃得更卖力，变得更有精神，长得更肥壮。音乐对羊是有诱惑力的。但人们更常谈论的且更有切实依据的是，羊排遣牧羊人的烦忧，而且人们应该将放牧这一艺术的起源归于这种闲适而孤寂的生活。

甚至还有他讨厌的猫：

猫是一种不忠的家畜。人留它在家只是出于对它的需要，用来对抗另一种更惹人厌却驱赶不尽的家庭敌人，因为我们不将那些对所有动物具有博爱之心，养猫只为寻开心的人计算在内：前者是为了满足实际需要，后者则是滥用爱心。而且尽管猫还算有些善意，尤其是在它们还是小猫的时候；但它们同时还具有一种内在的恶意，虚伪的性格，变态的天性，并随着年纪的增长愈演愈烈，教育只不过起到了掩饰的作用。良好的教养只不过让它们从不知悔改的小偷变成见机行事而油嘴滑舌的无赖；它们拥有相同的敏捷、狡猾和干坏事的嗜好，还有相同的掠夺倾向；它们懂得掩盖脚步，藏起意图，窥伺机会，等待，选择，抓住出击的那一刻，然后为了逃避惩罚，远走高飞，最后静待人们再次想起它们。它们轻轻松松便学会社会习惯，却绝学不会社会道德；它们不过是装出一副依恋的样子而已；它们的行为总是拐弯抹角，眼神暧昧飘忽，从不会正眼看它们所爱之人……

快静下来，你们这些嫉妒的猪！你们也有肖像？虽然坦白说，布丰对你们感兴趣只是为了支持他的因果关系理论：

　　并不是精液量多，生产（后代）数量就多，因为马、鹿、公绵羊、山羊和其他动物都拥有大量精液，但它们繁衍的后代数量却十分有限；而狗、猫等动物相比之下只有少量精液，但却能够大量繁衍。子孙数量也不取决于交配频率：因为我们确定的是，猪和狗只需要一次交配就能生育，而且是大量生育。长时间交配，或者说长时间射精似乎也不能与生产数量挂钩：因为狗会长时间交配，只是因为它的部分器官先天畸形而被锁结；尽管猪并没有这一问题，而且它的交配耗时比大部分其他动物都要久，但是我们并不能得出结论称这就是它大量繁衍的原因，毕竟我们看到，公鸡只需要一会儿工夫就能让母鸡连着生一个月的鸡蛋。

只有一个关键的特殊之处让他感兴趣：

　　猪的脂肪和几乎所有四足动物不同，不仅是因为其质地和质量，也是因为它在猪体内的位置分布。……猪膘并不与肌肉混合，也不在肌肉末端。它覆盖猪的全身，在肌肉和皮肤之间形成清晰而完整的厚厚的一层。猪与鲸鱼和其他鲸目动物拥有这一共同点，脂肪不过是一种相同质地的膘，但鲸类的膘要比猪膘更油；鲸类的膘也在皮下形成了好几英寸厚的一层脂肪层，将肌肉包裹起来。

"百科全书"小览

      满怀雄心壮志要"搜集全部知识"的狄德罗是不会忘记把猪收入其中的。他将关于猪的文章的写作任务交给了一位专家，他就是路易·让–马利·多邦通（Louis Jean-Marie Daubenton，1716—1799），自然历史博物馆的馆长。

      在描述了这个动物之后，他花了不少篇幅来谈养猪的方法：

      人们将关猪的地方称作猪棚或猪圈。需要搭两个猪棚，一个给公猪，一个给母猪和猪仔；要是不这样做的话，公猪就会伤害大肚子的母猪，甚至把小猪吞了。猪棚的地应该好好铺，墙壁外层应该用方石和砂浆砌造坚固，内层则采用木制墙板。由于猪产仔数量庞大，所以一栏猪的收益是十分可观的。被阉割的猪被叫做cochon（阉猪），未被阉割的猪被叫做verrat（种猪）。种猪的选拔标准是强壮和刚劲：一头种猪可以与10头母猪交配，而它只能在一岁到四五岁之间胜任这个任务。母猪的生育年限久一些，从一岁到六七岁；它的怀孕期是4个月，在第五个月进入哺乳期；于是，它一年可以当两次猪妈妈。它怀孕时也会发情。

要给猪铺一些褥草，并认真打扫它们所在的猪棚。这种动物喜欢树林、橡实、山毛榉果、栗子和秋天的野果、含有腐殖土和其中布满的虫子、植物根系等等。

从3月到10月，人们任由猪进食，一天两次：从晨露之后到早晨十点，再从下午两点到太阳下山。到了10月，猪一天吃一次。冬天也是一天吃一次，只要不下雪，不下雨，或者不刮风等等。

不能让猪受口渴之苦。人们在2月、3月和4月让母猪和公猪交配；这样的话，就能留出时间，使刚出生的猪仔不必忍受凛冽的寒冬。

母猪下完仔之后，人们会为它提供大量食物；食物中包含麸皮、温水和新鲜青草。只在它身边留7到8只小猪，然后将其他小猪在满3周之后卖出。人们会偏向于留下公猪仔，而非母猪仔；每留4到5头公猪的同时只留1头母猪。公猪在2个月的时候断奶；在它们来到田野的3周后，人们就让它们自由撒欢；人们早晚都用掺了麸皮的水喂养它们，直到它们满2个月大；在春天或秋天将它们阉割，就是它们4个月或6个月大的时候。

当小猪长得十分强壮的时候，并且人们也打算将它们养肥时，会喂它们5或6周的大麦，并掺杂麸皮水。人们会带它们去森林里吃橡栗，或在家里喂它们吃拾来的橡栗。于是就需要在当季拾橡栗。人们将橡栗用烤箱烤干，然后保存起来。给橡栗配以热水，再向其中添加白萝卜、胡萝卜、白菜和所有菜园里的残渣。

　　我们斗胆请路易·让-马利·多邦通别复活：他要是今天来参观工业饲养的话，一定会惊骇不已，被吓得赶紧躲回他的墓穴长眠。

动物的进步

埃里克·巴拉泰（Éric Baratay）可谓讲述从4世纪末的蛮族入侵到启蒙时代这段悠久历史的第一人。请相信我，去读这部史诗吧：《人创造动物》（*Et l'homme créa l'animal*）[1]。

一切的发生就如匈奴人、伦巴底人和斯拉夫人的接连入侵，将罗马人征服这片土地以来所积累的知识统统一扫而空一般。似乎农夫们已经把一切都忘了。长年累月地驯养，经过如此精心"改良"的家猪重新开始变得消瘦，体形缩小，并回到了它们早先的野猪形态。

与此同时，消费者的偏好也改变了。

在被饥饿折磨的整个中世纪，猪肉成为了第一贮藏食物。但一直到13世纪还痴迷猪肉的贵族老爷和城市布尔乔亚们却开始

---

1 Odile Jacob 出版社，2003 年。——作者注

鄙视猪肉，转而喜欢起牛肉和羊肉来。于是，牛和羊开始成为饲养对象。

森林面积正在缩小，被全面开垦挤占了空间。而留存下来的森林则被所有者小心翼翼地保护了起来，因为后者并不想看到自己的森林每年秋天都被一群群动物摧毁。猪群没了吃食的地方，数量便逐渐减少了。

在1750年左右开始加速的农业革命将重新剥夺动物的自由，使畜牧业得以发展。它们不必再跑到很远的地方寻找食物了，因为玉米和土豆近在眼前。最简单的方法就是将它们关到离农场最近的地方。

再见了，我们的林中漫步！你好，猪圈。从此以后，我们要几十头猪，甚至几百头猪挤在泥泞的围墙内……对我们的主人来说，还要加上狭窄空间带来的这一额外的好处：我们动得更少，长肥得就更快。很快，我们就将度过我们的（短暂）人生，从无任何哪怕能活动一次腿脚的机会。我们的腿难道不是应该先被当作火腿吗？

与此同时，主要生活在英格兰（约克郡）的养猪人努力筛选出一些新的品种，以满足新的需求（把猪养肥）。

在19世纪，一个真正的"猪的文明"（埃里克·巴拉泰语）诞生了。工业化和高产量也随之而来。同样，越来越多的工人从乡下进城，使越来越多的工厂开动起来；也有越来越多的猪，在城门周边被喂得圆滚滚的，进而也养肥了越来越多的生产者、屠夫、熟肉店老板，以及把猪毛变成刷子和毛笔、把猪骨变成胶水、把猪皮变成皮革制品等的商人……

爱弥尔·左拉一如既往地为我们贡献了最浓墨重彩地描述这个世纪的文章。正是这个世纪揭开了统治我们至今的"狂热二重奏"的序幕，那就是生产—消费这一对地狱般的组合。请大家沉浸在《巴黎之腹》（*Le Ventre de Paris*，1873年）中，好好参观一下刚刚由巴尔塔尔（Baltard）[1]设计建造完成的巴黎大堂（les Halles centrales）。

《小酒店》（*L'Assommoir*）[2]中的女主角绮尔维丝的姐姐莉萨·马卡尔在《巴黎之腹》中是熟肉店老板，她嫁给了佛罗伦同母异父的弟弟克努。后者发现了莉萨：

> 他凝视着她，惊讶地发现她是如此美丽。他之前一直没有好好注意过她，因为他不懂怎么去看女人。她出现在熟肉柜台上方，在她面前陈列着摆放在白色瓷盘上的切好的阿尔勒和里昂猪肉肠、水煮猪舌和小块腌猪肉、猪头冻、盖子开着的熟肉酱……接下来，左右各处的砧板上还放着意大利的奶酪面包和猪奶酪、淡粉色的普通火腿、浸在大块油脂下的带血的约克郡火腿。还有一些摆在圆形和椭圆

---

1 这位设计师的全名为维克多·巴尔塔尔（Victor Baltard，1805—1874）。
2 《巴黎之腹》和《小酒店》都属于左拉创作的《卢贡·马卡尔家族》系列长篇小说。这一系列的小说中，人物相互关联。

形的盘子里的菜，有夹心猪舌、松露肉冻、开心果猪头冻；而就在她手边还放着丁香炖小牛肉、浸在黄色罐子里的猪肝酱、野兔酱……她将猪胸脯的肥脂收到大理石的小架子上，又把熟猪油罐和烤猪油罐排成一排……

随之而来的是一场战争，它将肥肉和精肉对立了起来。这场战争仿佛是今天关于食品卫生和健康食谱的功效的辩论的前瞻性预演。

向动物们致敬！没有它们被以各种各样的方式切割和烹调的身体，谁来填满巴黎的肚子呢？

为了喂养这头贪吃的妖魔，肉总是多多益善。

再见，猪，虽然你已不再具有野性，但至少还能到处溜达。

你好，肉加工工厂专供猪！有人见过工厂自己跑到路上的橡树下面找橡果的吗？

再见，运动带来的苗条身材！

你好，好吃懒做的肥胖囚犯！

再见，暗沉的皮肤——这个暗示与野猪祖先有不光彩的近亲关系的臭名昭著的符号。

你好，粉色。像孩童般粉嫩，好闻又健康！

你们说这就叫进步？

一个女人，一头猪

养殖业虽然工业化了，但我们与猪之间仍然保留了亲密关系，真实或想象的亲密。

1833年生于那慕尔（Namur）[1]的费利西安·罗普斯（Félicien Rops）[2]若不是靠他作品中的色情成分，只靠他的版画和插画天分，恐怕他不会在历史上留下什么痕迹。让这位由耶稣会士教导出来的学生和法官的女婿的作品经久不衰的，是他对轻浮的偏爱，甚至常常极具反叛精神，富有象征主义气息（其作品中的象征符号虽稍嫌厚重却不失效果）。比如说，他的《圣安东尼的诱惑》（*Tentation de saint Antoine*）将一个女人钉在了十字架上，而那本该是耶稣基督的位置。他天马行空，恣意而精准的笔触为他

1 那慕尔是比利时中部城市。
2 费利西安·罗普斯（1833—1898），比利时画家。

带来了不计其数的订单，其中包括来自奥古斯特·普莱–玛拉西
（Auguste Poulet-Malassis）的订单。后者是巴黎最有名的出版商，
当时正躲在布鲁塞尔重印有违良俗的书籍。我们还记得在1857
年时，他已经因为胆敢出版波德莱尔的《恶之花》而被判有罪了。

　　费利西安最有名的画作名叫《色情画：牵着猪的女人》
（ *Pornocratès, la Dame au cochon*，1878年）。

　　一个丰满的女人，高傲而笃定，只穿了两条到大腿中间的长
筒袜，走在一头猪的后面。她的手（戴着黑色手套）里攥着牵绳。

然后，仿佛画家是怕人看不到似的，这位美人将古代雕塑的图案这类古典艺术踩在脚底下。画面左上方，隐喻爱情的三个小天使从天而降，看着这幅叫人丧气的场景。

不用想多久就能明白画的意思。

猪是所有卑鄙下流之事的化身。可怜的猪，它都习惯了！

女人是自己身体的奴隶，也就是自己的动物性的奴隶。

自甘堕落的19世纪末将这番陈词滥调操弄得令人作呕。

但这幅作品妙就妙在它的模棱两可。那慕尔政府精明得很，他们可没搞错意思。最近，那慕尔专为这幅省博物馆的镇馆之宝举办了一场展览：**各种形态的色情画**。

作为支配者的女人手里牵着的是男人这头愚蠢的动物吗？

又或是女人被自己最下贱的本能牵着走？

那她的眼睛为什么被罩了起来？

我们是不是应该从中看到熟知的弱势性别的被动性的证据？女人被剥夺了分辨是非的能力，是那种会对一切说"是"的生物。

这个假设太瞧不起人了，所以很快就被否决了。

显然，这种盲目象征着女人的虚伪，也象征着其智慧。这位狡猾的女士提前请求原谅：啊，好吧，您这是要带我去哪里啊？我可什么都没看见。

令人尴尬的不确定性

我们是否确定自己属于人类？

我们每天在泡澡的时候，难道没有感受到我们身体中有一条鱼就等哪天翻身做主，让我们摆脱这副俗世的沉重躯壳？当愤怒侵蚀我们的时候，最好不要照镜子：镜子也许会把我们变成鬣狗或疯狗的样子映照出来。

卡夫卡讲述了某个名叫格里戈尔·萨姆萨（Gregor Samsa）的人的悲剧。某个晴朗的早晨，他醒来之后发现自己变成了一只巨大的昆虫：[1]

> 他仰面而睡，背部像甲壳一样硬。当他稍微抬起头时，他发现他的肚子凸起，呈棕黑色……他的众多爪子细瘦得

---

1 弗朗兹·卡夫卡，《变形记》。——作者注

让人觉得可怜……笨拙地在眼前摇晃。

还有其他同样骇人的故事。

比如1922年在伦敦出版的，戴维·加尼特（David Garnett）的《太太变狐狸》（*Lady into Fox*）。一对新婚夫妇在森林中散步。突然：

在刚刚他的太太所在的位置上，他看到一只火红色的小狐狸。这只小动物用恳求的目光看着他……

大家可以想象，他们的爱会持续下去，尽管有这么一个小小的不同。

婴儿是否是一头不自知的小猪？

奥维德笔下的古代并不是唯一讲述变形的时代。其他时代也曾历经变形，在纷扰和恐惧中颤抖。

爱丽丝在仙境中发现了一些诡异的行为。[1]在厨房里，她掉到了一位公爵夫人身上，后者喜欢将一个婴儿抛来抛去以寻乐，而且还有一个疯女人朝这位夫人头上扔所有她找得到的东西：锅子和碗碟。

爱丽丝好不容易抓住婴儿，因为这个孩子的四肢长得十分奇怪，朝四面八方延伸（爱丽丝想，"就像一颗海星似的"）。当她接住他的时候，这可怜的小孩正像蒸汽发动机似的打喷嚏，并且身体不停地卷起和伸展，以至于在最初

---

1 刘易斯·卡罗尔（1865年），《爱丽丝梦游仙境》。——作者注

的几分钟里，她忙不迭地试图将他好好抱在怀里。

她一旦找到了一个抱他的好方法（将他扭起来，变成一个像结一样的东西，然后牢牢地抓住右耳和左脚，防止他的身体舒展开），就将他带到了室外。"如果我不把这个婴儿带在身边的话，"她想，"她们这几天肯定就会把他杀了的。抛弃他不就是犯罪吗？"她高声说出最后这几句话，然后怀里的小东西（这时候已经不再打喷嚏了）嚎了起来，好像是在回应她。

"别嚎！"爱丽丝说，"这么表达自己可不合适！"

婴儿又开始低嚎了。爱丽丝焦虑地检查了他的脸，想看看到底哪里不对劲。不可否认的是，他的鼻子非常平，更像猪鼻而非正常的人鼻。而且他的眼睛也变得非常小，不像婴儿的眼睛。爱丽丝一点也不乐意看到事情发展成这个样子。

"也许刚才那只是抽泣。"她想道，然后又看了看他的眼睛，想知道他是不是哭了。没有，一滴眼泪也没有！

"亲爱的，如果你变成了猪，"爱丽丝严肃地说道，"那我也无能为力了。你可要当心！"

这不幸的小东西又抽泣了起来（或者说嚎了起来，根本没法知道到底是哪一个），然后，他们两个静默了一会儿。

当他又开始嚎的时候，而且是嚎到她不得不警惕地重新检查他的时候，爱丽丝开始自问："等我回家了，我该拿这个小东西怎么办呢？"这一次，她不可能搞错了：这就是一只如假包换的猪。于是，她觉得她要是再将它抱在怀里的话，那就太荒谬了。

她将这头小兽放在了地上，默默地看着它小跑着进了森林，长舒了一口气。她自言自语道："我觉得它要是长大后是个孩子的话，那肯定会丑陋得吓人。作为猪来讲它还是很漂亮的。"

她接下来开始想起她所认识的其他孩子来，他们本可以当猪的。她只是对自己说道："要是人们知道怎么将他们变成猪就好了！"

巴哈马的游泳猪的故事

大沙洲（Big Major Cay）是迷人的埃克苏马群岛（巴哈马）的365座岛屿中的一座。

20世纪50年代，一些不知名的水手在那里放了一小群猪。他们是不是想在那里贮藏一点食物，以防冷战会出现糟糕的结局？这是一个未解之谜。不管怎么说，这些猪在那里繁衍起来，即使那里的森林很小，食物并不充足（蚯蚓，树根和贝类）。而且虽然太阳太烈，将它们粉嫩的皮肤都晒得快要烧起来，甚至害它们得了皮肤癌，但它们总是可以找到遮蔽处，在下面睡觉，清冽的水源让它们能够喝个饱。

当这些"四蹄囚徒"在有限的土地上太过无聊时，就会跑到湛蓝的海水中好好泡个澡。

这个习惯可逃不过旅游中介的魔爪，因为他们总操心着要给客户全新的、真实的、百分百"自然"的体验。要是在海豚中间戏水还不够独特的话，那何不组织一次与猪海上同游呢？这个想法即刻便获得成功！游客很快就蜂拥而至，没有人愿意错过半裸着或拥抱着与肥猪来一次自拍。这种亲密的行为打扰到了当地的猪，但长久来看，未必会带来过于严重的后果，如果观光客不用各种各样的食物填满他们的新朋友的肚子的话。更要命的是，他们居然还想到给猪喝酒，包括啤酒和朗姆酒。还有什么照片比喝完一瓶酒后，一群大声打着嗝并发起酒疯的猪的画面更好笑的呢？哪怕在大笑声中，会时不时有人被咬了屁股或拱到蛋蛋……

狂欢的结果很快就得到了揭晓：两头，然后是五头，再接下来是七头猪相继死去。

人们对它们进行了尸检，结果在它们的胃中发现，除了人们喂给它们的各种乱七八糟的东西和过多的沙子外，还有游客野餐之后留在沙滩上的残羹。

根据情报，当地政府决定规范这些亲近动物之旅。农业部部长阿尔弗雷德·格雷（Alfred Gray）根据兽医报告采取了更积极的行动。他出台了一项禁止喂猪的正式法律。于是，猪就得重新不断地到处搜索，寻找越来越少的口粮。它们的未来未必会更美好。

太平洋故事

多年以来，人类学家朱利安·克莱芒（Julien Clément）一直因我对太平洋的无知十分惊讶："你作为对岛屿和人类这么感兴趣的人……"这里要指出的是，他写了一篇博士论文，获得了克洛德·列维-斯特劳斯和运动员群体的好评。这篇论文题为《体锻文化：萨摩亚岛的橄榄球运动》（*Cultures physiques: le rugby de Samoa*）。

世界的这个角落勾起了我的回忆。倒不是为了追求地球的尽头，而是为了挖掘新的关于我亲爱的猪的绝妙例子。所有专家都不断引诱我：您决不能错过它们在那里的历险。

我便毫不迟疑地去打听了解。

这些特别的动物很晚才被引进这些群岛，也就在五六千年之前。它们很快便在岛上占据了决定性的位置。

它们并不满足于扮演道路清洁工和高产的肉食供应者这一惯

常的双重角色，而是对社会关系的核心进行了干预，并与此同时，立即成为当地物种演化过程的重要角色。

我无法抵抗急切的好奇心，由于无法立即去往密克罗尼西亚联邦（Micronésie），我便满足于来到蒙彼利埃这座知识的首都。法国农业国际合作研究发展中心（CIRAD）的研究者，民族植物学家马努埃尔·布瓦西埃（Manuel Boissière）（大家还知晓比研究人类和植物之间的联系更内容丰富的专业吗？）讲述了在西巴布亚的边界上的高地的奥克萨普民村里的日常生活。[1]

当然了，现代性甚至在高地也攻城拔寨，一代接着一代愈发重视货币的使用。但所谓货币，通用的货币，抽象的货币，这个险恶的"普遍等值物"还远远无法覆盖所有支付情景。尤其是**支付**（paiement）这个词如此干瘪，很难用来描述社群内部各种各样的交易。为了呈现这些赠予与回赠所组成的错综复杂的网络，**补偿**（compensation）这个词更合适。猪就在此时粉墨登场了。比如，新娘的嫁妆绝对不会用货币来结算，而是以好几头猪来计算。最近我们所知的标准是，没有特别长处的新娘值5.4头猪。

拥有一个猪群是财富的证明和象征。人们并不是买一个年轻女孩，而是通过放弃另一种财富来补偿她所代表的财富。同样，物质财产的交易只有伴随着被所有人认可的财富的转移才具有意

---

1 《给予者、接收者和产婆：奥克萨普民村的猪群交换》（"Le donneur, le receveur et la sage-femme. Echanges de cochons à Oksapmin"），《海洋学家协会志》（*Journal de la Société des Océanistes*），第114—115期，2002年。——作者注

义。如果你们被指控为巫师，那无须付美金解困，只需要交出一头猪即可。在武装冲突之后，为了能够在交战双方之间建立起持久的和平，最好的做法就是在合理的**补偿**上达成一致。我们也可以把这称之为**修复**（réparation）。需要**修复**破碎的世界。在巴黎和会上，要是向德国索要的**赔偿**被更好地确定了的话，第二次世界大战也许就能避免。

猪也在许多巫术仪式上占据一席之地。比如说，把猪阉割之后，猪的睾丸会被送给妇女食用，以提高她们的生育能力。不过，男人却被禁止食用睾丸：因为在打猎的时候，他们会遇到被野猪以同样的方式攻击、将他们被称为"高贵"的部分一口吞下的风险。

同样，对于不同的村庄和岛屿，养猪的地方也有明确规定。它们有时候生活在几幢房子的中间，于是人们就会好好保护自己的花园；有时候则相反，是猪被关起来，而花园则向森林开放，然而后者的面积每年都在缩小。野生与家养之间的界限在哪里？

如果说在这些社会中猪的作用十分重要的话，那是多亏了它在当地神话中快速占据一席之地的能力。神明热情地欢迎着它的到来。欢迎你，猪！大家就等着你来开启宴席呢！

以葬礼为例。

当一个人死去，他的灵魂应当去往亡者的国度。那是一个舒适宜人，资源丰富，充满音乐与花香的国度。要去也是要下定决心的！道阻且长，而且那里的大门口还站着土地之神达哈夫兰

（Dahaphrän）的狗，它叫丹多（Deundo），十分凶残。

　　唯一进入此地的方法就是将一头猪献给这条狗作为餐食。这样一来，人类的灵魂便能得到解脱，回归天国。

作为借口的屠杀

2009年的5月初，天气晴朗，埃及议会下院突然宣布宰杀全国25万头猪。这项措施是出于公共卫生考虑：H1N1流感正在肆虐。然而，世界卫生组织却一再坚持称这一流感与猪毫无关系：其病毒并非由猪携带，人类才是传播者。

正是猪两次帮助了这些道路清洁工：将他们找到的垃圾吞进肚子的同时，还填饱了清洁工们的肚子。

于是，我们就能想象当数百名士兵带着兽医突袭在莫卡塔姆山（Mokattam）上生活的35 000名拾荒者（zabbalin）时的暴力行为。拾荒者们将从这座巨大城市（2000万人口）的各个街区中拾来的垃圾堆在这里和其他几个贫民窟那里。猪群来到此地，将它们的猪嘴埋进垃圾堆里寻找食物。这座地狱之城能被整个世界知晓的原因是，以马内利修女（soeur Emmanuelle）[1]来到此地定居，并在此地日夜奔走。

路障，投石。

军队撤退，第二天又回到此地。

新的对抗。越来越多的伤者。只有一位神父的干预才让事态不至于恶化到极点。

政府承诺会给予补偿，但承诺的金额每周都在减少。区区14欧怎能换取一个日常盟友，一份未来收入的保障？要想负担某些特别支出（比如婚礼），大家认为还有比卖猪更简单的方式吗？

尽管拾荒者们进行了抵抗，他们最终还是不得不交出了他们的猪。

我于两年后回到了埃及。以马内利修女于1980年创立的Asmae协会（"以马内利修女协会"）仍在行着善事。这里只列举其中一件：在埃兹贝特·纳赫尔（Esbet el-Nakhl）贫民窟的中心地带，马哈巴（Mahaba）学校接收了3000名4—15岁的学生。

坐落于莫卡塔姆山（Mokattam）山脚下的曼什亚特·纳赛尔（Manshiyat Naser）担得起"垃圾之城"（Garbage City）的绰号。拾荒者们一直在城市生活所产生的垃圾堆中翻找一切能被回收利用的物品。空气中的臭味比我记忆中的更糟糕。一些年轻人

---

1 以马内利修女（1908—2008）出生于比利时，是一名天主教修女，一生致力于在第三世界扶贫。

将我围了起来，嘲笑我扭曲的表情和妄图用手帕堵住鼻孔的拙劣举动：

"哈，您和我们一样，很怀念猪吧！至少它们吃所有腐烂的东西。就是这些东西发臭！开罗人真是被宠坏的孩子：他们把一半食物都扔掉！您想看看吗？"

"看什么？"

"看猪啊！有人还养着呐！"

我走进了一个后院，十几头我最喜欢的动物从泥泞中朝我围过来，争先恐后地叫唤着。

年轻人们很高兴："一看就知道它们喜欢您！"

身为出色的前大法官，我问他们养猪的许可是否已经恢复了。

他们看着我，仿佛我是个天真汉。

"当然没有！但警察不清楚我们都把它们藏在哪里。而且猪肉在那些富裕的街区可是很受欢迎的！"

"是啊，就像酒一样受欢迎！"

"我们知道怎么和法律周旋。"

"快回来！我们教您啊！"

在埃及，无论是猪还是别的，生活应该是越来越难的。

大难不死的猪的故事（1）

2008年5月12日14点28分，一场里氏7.9级地震降临中国四川省与青藏高原东部交界处，距离成都市90千米。

地震在这个地区实属常见，因为印度板块以平均每年5厘米的速度将亚洲板块往北挤压。正是在这个压力之下，古代时期才形成了喜马拉雅山。

就在地震发生的6个月之前，我来到了都江堰这个小城，寻找传说中的无坝引水工程的痕迹。公元前3世纪，一些"工程师"成功驯服了长江的支流——岷江的可怕潮涌。

每天午后将尽，放学的孩子们来到这里，对我这个在本子上不停地写写画画的长鼻子外国人充满好奇。

5月12日那天，超过8万人被压在了整个地区垮塌的80万幢楼之下，仅四川省就有354 000人受灾和7500间教室塌方。其中就包括都江堰市。

在这样的背景下，一头猪出名了。它生活在萝卜寨，离震中不远。

它被埋在了原本栖身的建筑的废墟之下，在得到救援之前，靠喝雨水、吃木炭撑了34天。

人们给它取了个绰号叫"猪坚强"，意指它有"铁一般的意志"。一位博物馆馆长赶紧将它买下，觉得这是个好兆头。从此以后，这头光荣的牲畜便在舒服的围栏中平静地生活着，接受着无数访客的目光。为了让这样的勇气和毅力得到延续，一位名叫杜玉涛的博士领导了一项克隆计划，最终获得了巨大成功：六头健康的小猪精确复制了爸爸的基因，包括两眼之间的黑色标记。

大难不死的猪的故事（2）

2019年4月17日，《自然》期刊对不可救药的疾病产生了兴趣。

死亡是什么？

一般来说，人们会同意这个毫无异议的定义：脑部停止一切活动。

耶鲁大学的研究者们并不满足于此。他们讲述了他们的实验：提取32头去世4小时的猪的大脑。通过一个名叫Brainex的特殊泵体组成的系统，他们用一种用来供氧和浸润组织的特殊溶液浇灌这些大脑，以抵抗血液循环停止后的组织恶化。

6小时后，他们记录了一些神经突触活动的重启。换句话说，某些电子和化学信号在神经元之间的传递再次得以被观测。部分关键功能得到重建，其中包括细胞产生能量和清理垃圾的能力，即使整个大脑并不能重获能够确保执行复杂行为，乃至再次启动意识的活力。

猪和人类研究者之间的这场全新合作可以说是硕果累累：

——更好地认识了各种不同的化学成分对大脑活动的贡献；

——从中推测出康复的可能性，比如心脏骤停导致大脑长时间缺氧之后个体是否仍能存活；

——复活的梦想，虽然还非常遥远。

西雅图艾伦脑科学研究所（Allen Institute for Brain Science）所长克里斯托弗·科什（Christof Koch）点评了这次实验："在整个人类史中，我们一直以为没有什么比死亡更简单了。今天，我们必须问自己什么才算是不可挽回。"

猪脸颂

猪启发了无数地名的命名，这一对地理的贡献证明了它的重要性。

每年1—6月底，我们这些见不着地平线的巴黎之子们，便兴冲冲来到海边。在公路上待了五六个小时后，我们便跳出阿隆德或弗雷加特[1]，奔向海浪，一路跑到最远的礁石那里。向右是格兰维尔（Granville）[2]，向左便是弗雷厄尔角（Fréhel）[3]，而圣米歇尔山就在正前方。

为什么要把这块花岗岩面叫作"杜固安"（du groin）？

我以前每年都徒然地提出这个问题。我父母每每无奈地看

---

1 阿隆德（Aronde）和弗雷加特（Frégate）是两款法国经典家用轿车，分别由西姆卡公司和雷诺公司制造。
2 法国诺曼底地区市镇名。
3 布列塔尼地区市镇名。

天，双手一摊："快别问了！你不开心吗？开心就自然地接受这件事！"

一段时间之后，我在得知隔壁的圣马洛（Saint-Malo）的海盗格言时，找到了一个可能的答案：Qui qu'en grogne（滚来嗷）。

滚来嗷，这是给那些想嘟嘟嚷嚷抗议的人的下马威。

滚来嗷，这句话被刻在马尔维纳斯城的一座塔楼之上。您再抗议、再嘟嚷也没用：我这里造了堡垒，坚固无比。

滚来嗷，如此粗鲁无礼的话却被刻在无数中世纪的城堡入口，在温弗勒尔（Honfleur），在波旁-阿尔尚博（Bourbon-l'Archambault），在穆瓦延（Moyen，Meurthe-et-Moselle），都能寻到这句话。

原本是针对猪脸，才能用上"嗷叫"（grogner）一词。这个词来自拉丁语动词 *grunnire*。

圣典利特雷词典举例称："该词指猪叫。如小怪兽（丹图仙女的儿子）因为荆棘花胆敢拒绝他的求爱而像猪一样嗷叫。"[1] 在图解字典中，还有一句："女神嗷叫着不准他靠近泉水。"[2]

Groin（猪脸），grogne（嗷叫）和 gronde（嘟嚷）是一个家族的。

在逃来巴黎并于法国国际新闻台主持《魅力非洲》这个精彩

---

1 引自苏格兰法语作家安东尼·汉弥尔顿（Anthony Hamilton，1646—1720）于1730年出版的小说《荆棘花》（*Histoire de Fleur d'Épine*）。
2 引自法国讽刺诗人马杜兰·雷尼埃（Mathurin Régnier，1573—1613）。

节目之前，索若·索洛（Soro Solo）在科特迪瓦被人称为……"嗷叫先生"。他在当地的节目里收集公民针对滥用职权的抗议。因为这件事，他才来法国避祸。嗷叫光荣！

向猪脸致意！

克里斯蒂安·埃切贝斯特〔Christian Etchebest，克里斯蒂安·贡斯当（Christian Constant）和伊夫·康德博德（Yves Camdeborde）的学生〕[1]给我们提供了至少两个食谱：

1.炖锅煮，配上小扁豆（加入洋葱、丁香、两个番茄、一根韭葱、两根胡萝卜、三瓣大蒜、百里香和桂枝）。

2.与小土豆和小洋葱头一同翻炒（别忘了加辣椒和香芹）。

---

1 克里斯蒂安·贡斯当和伊夫·康德博德均为著名法国厨师。

生命之时钟，死亡之剧院

一年中最重要的一天是哪一天？

一直到20世纪中叶，所有乡下孩子都会毫不犹豫地回答："猪肉日！"

不仅是因为这一天人们准备的礼物比圣诞节那天准备的更好，更是因为这一天是农场唱大戏的日子。

而我这个在巴黎的沥青路上长大的孩子曾两次参加了这种旧日的仪式：一次是在阿尔萨斯，在莫尔纳赫（Moernach）的美丽村庄苏恩勾（Sundgau）的中心；另一次是跟着全家在法国西部蓬拉贝地区售卖和维修农场用具的时候。

我得承认我没做好心理准备！

而我记忆中的场景模糊了：对于我这个巴黎十五区长大的城里人来说，场面太过暴力，充斥着太多的尖叫，太多血，太多各种各样的霉臭味。

直到某次机缘巧合，我偶然翻开了帕特里克·埃尔维（Patrick Hervé）的书。他的文字是对布列塔尼的饮食传统的珍贵记录。我在其中找到了让我恐惧而痴迷的记忆。

节日的前夜，囚犯得到它的上路饭（*friko bilan*）———一种全麦粥，也算是改善了伙食。

第二天，它一大早就被带到广场中央。

一大群人已经在等着它了。孩子们挤在第一排，他们将看到的场景会永远地刻在他们的记忆中。最敏感的人捂上耳朵，因为畜生的叫声破空凄厉。因为它很清楚等待它的可不是什么好事，它便费尽力气挣扎。但这也是村里最结实的小伙展示力量的机会。他们抓住这头畜生，把它抬到了一块板子上。

主角走上前台，明里叫人害怕，实则受人鄙视嘲讽。它叫 *lazher mo'ch* "流血的猪"。每个人都知道越挣扎越敏捷的猪，肉质越好。人们屏息静气。嘶吼声阵阵。血流下的声音滴滴答答地在木桶中回荡。现在轮到女人登场了。她并不年轻了，说得再明确一些，就是她已经绝经了。她的血不会混在猪血之中，因为这个女人的角色恰恰就是用手搅动桶中的热血，防止它凝固。

死亡终于让猪闭上了嘴。

人们将它抬起，高高地悬挂在一架梯子上。

男人们凑上前去，打开了猪肚；还未等肠子落地，便一把抓住，然后交给孩子们。随后，孩子们跑到河边，将肠子洗净，等待制作香肠或血肠。

女人们便准备接下来的工作。她们边聊天，边忙着处理内脏，如同洗衣服似的。

猪的躯体会挂到第二天。狗抬着头围着它转。我们可以想象它们在想什么：说实在的，当狗比当猪好。我们也可以想象孩子们半夜起来看到它并被吓到的样子。

接下来的日子就要忙起来了：流动屠户负责切割；最好的部分留待腌渍；分配则要遵守严格规定，不能忘了神甫和学校的老师。

一头猪崽被放到猪圈，用来取代死去的前任。它有整整一年时间长膘。

那头死猪身上的不同部位将根据具体顺序来被食用，这场"猪肉筵席"一直延续到下一次仪式。

太阳升起的高度象征着季节的更替。同样，对一户人家来说，猪的生与死就是农业社会的钟摆，最能管理时间。人类的生活围绕着猪展开。

当养猪业步入工业化时，当政府下令建立屠宰场时，整个社会得到了舒适与健康。但社会的团结与惯例却将消失。

我们要记住的是，我们今天想回到的当初的"短途物流"也包括这些做法。有些人要问：为何不回到农场屠宰的时代？当然了，是因为必须制定全新的卫生条例。至少，人们能更好地认识自己吃的动物，而且这样也能避免它承受附加的折磨，即运输过程中的颠簸。

结语

于是，从远古开始，猪就是我们的第一家畜。它参与我们所有的活动，无论是在真实世界，还是在梦中；它深入我们最具体的生活场景，比如吞吃我们的垃圾，同时也出现在我们最疯狂的想法之中，无论是与魔鬼打交道，还是以为自己在接收上帝的旨意。

关于动物，大众自有其偏好。

为何选择猪？狮子更美丽，长颈鹿更高贵，蛇更阴险……

或许如此！但猪就在那儿！

我们眼里噙着泪，抽泣地诉说狗的忠诚，猫的优雅。我很容易就能宣布，这其中没有一个会喜欢自己的主人喜欢到让他把自己吃了的地步。

除了猪，没有其他任何生物给人带来如此多的好处：它是养活我们的伙伴，是我们的拯救者，是比金矿还要富有的宝藏，像个杂货店老板，款待我们；但同时，它也会给我们招来威胁。

猪就这样同时承担着各种动物的角色。

好吧，请相信我，如果诺亚在他的方舟上只能带一种动物，那他一定会选它，也就是猪！

二
一条产业链的建立

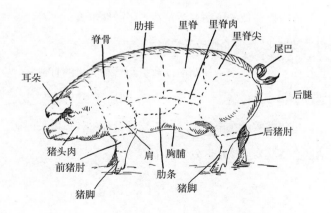

除了先被养肥，然后一年内就被杀，从而为农场提供猪肉和猪肉制品的家养猪之外，一些规模不小的牲畜群原本在田野间溜达，然后还是变成了城里人的盘中餐。工业化也波及了它们。

　　毕竟得以最低的价格养活正在扩张的城市人口，畜牧业正在变得"理性化"。散养变成了流水线生产。

　　然而"产品"本身却渐渐以数量和营利为目的打造着。在动物遗传学和"福特制"（大工业生产）的加持下，如同一场战斗。

　　如果猪的数量在全球（除了伊斯兰世界）各地增长的话，某些地区会将其变成该地区发展的主要动力。

猪的进步简史 (1)

地球上有多少猪？

每年有10亿头猪出生，养肥，被宰。

还有大约8000万头母猪。

有多少品种？

有人说350种，还有人说有1000种。但那些专业机构和畜牧业协会每年都设法创造些新品种……

1867年2月17日，人类学协会（Société d'anthropologie）请来了兽医安德烈·参孙（André Sanson）。这位林奈和居维叶的继承者精通养殖牲畜的分类。他在这方面的贡献得到了大家心悦诚服的赞赏，因为他安抚了所有到场学者对分类混乱和母畜高产的焦虑。对他来说，三种，也只有三种家养猪应该得到承认：凯尔特猪，伊比利亚猪和亚洲猪。

150年后，我们并未发展出更多品种。在巨大的畜牧产业中，大多数情况下只有4个品种：

——来自英国约克郡的大白猪（Large White）。这是一种体形较大的立耳白猪，有它的杰出优点。它非常高产：每头母猪每年能产近30头小猪（分好几窝），几乎和中国的超高产猪比肩。它的长势迅速：阉猪每天能长1斤，6个月之内就能达到100公斤。它的肉质优良：肥膘层较薄。它还很结实：能适应各种生长条件，无论是露天还是大棚，热带还是温带。

这些理由足够让它从19世纪末期就在全世界普及，并参与大部分杂交。

——按照重要性排序，第2种是长白猪（Landrace）。尽管名字里有"大陆"（land），但它其实来自北欧国家（丹麦和瑞典）。这也是一种大型白猪，但却是折耳。它也非常高产：每一窝13头，每年24头。它性早熟（8个月大时就具备了繁殖能力）。母猪的性格温顺（它们很少吃自己的孩子），肉质十分符合工业化需求（肥膘少）。结果是，长白猪也常被用来杂交。

——第3种普及的品种皮特兰猪（Piétrain）来自20世纪50年代末的比利时。这种猪是白色的，但全身遍布黑色或红棕色斑点。虽然它比前两种低产（每窝10头小猪），但它优秀的肌肉组织、较低的肥肉含量和大量瘦肉使它脱颖而出。它唯一的弱点，同时也是个严重的弱点，就是它对压力极其敏感。可怜的皮特兰猪！偶尔一次心肌梗塞就能叫它一命呜呼。它的焦虑会体现在它的肉质上，从而使其食用方法受到了限制。有些人想更多地了解这头脆弱的巨畜，便会津津有味地查阅内斯托尔·德尔梅兹（Nestor Delmez，1867—1949）的传记。他是兽医，并长期担任比利时瓦隆地区（Brabant wallon）的乔杜瓦涅市（Jodoigne）农业促进会秘书长。是他打造了这种感人的动物。在那之后的进一步杂交令它能够摆脱天生的焦虑，使它的各种优点终于能够得到完全的展现。

——第4种主要类别是杜洛克猪（Duroc）。它以其肥壮的体形、从金色到深红色不等的皮毛颜色……及其模范事迹著称。作为全球化之前的杂交产物，它诞生于后来成为"民族大熔炉"的完美表率的美利坚合众国。杜洛克猪的祖先可能是从16世纪起陆续在美国各地登陆的，尤其是乘着运输奴隶的船而来的各种品种的猪。传说哥伦布本人也参与其中，因为他从西班牙运来了几头本地猪，后者很快便适应了新大陆。这一品种的历史几乎可以写一本小说。故事起始于约1820年，而我已经看到了两大主角。第一位是伊萨克·弗林克（Isaac Frink），米尔顿农场主，萨拉托加（Saratoga，纽约州）伯爵。他从集市兴高采烈地回来，后面跟着一头红色种猪。这是买给另一位主角，名为哈里·克斯利（Harry Kesley）的。后者虽然养的是猪，但喜欢的还是马。他最喜欢的马名叫杜洛克。这就是为何从很久很久以前开始，这头种猪祖先的后代——萨拉托加红猪——会拥有马的名字。

杜洛克猪可不是生产冠军：每窝只有8只小猪。但它的肉质鲜美，心理强大，适应一切环境，压根不知道压力大是怎么一回事。

从这4个品种开始，人们搭起了真正的积木。

养猪人一直以来的做法是将一群猪中最好的公猪和母猪配种，然后，种群间的交叉配对也发展了起来。在很快得知了其他品种的能力和弱点之后，养猪人和技术员们便想到在各个品种之间进行交叉配对，希望因此造就一些能继承所有优点、免除所有缺点的子孙。与人们普遍以为的相反，养猪业是一门需要坚持不懈、技术性极强的行业，且涉及众多专业。这和水处理行业是一样的。大家满足于打开水龙头就有水，但却不曾想象24小时不间断地处理，最后才得到所谓"天然"的奇迹之复杂。我们还是顽固得像个被宠坏的孩子，就是不愿去认识那些生产者所付出的努力。

总而言之，尽管我们有身为法国人的骄傲，但我们还是不能忘了感谢英国人！65%的杂交品种中有他们的大白猪的身影。我们也要向比利时致意！他们的皮特兰猪在榜单上身居第二。甚至对猪类来说，囿于门户之见也是愚蠢之至，无知至极。

猪的进步简史（2）

　　如果说众多新品种因反复杂交而诞生，那么还有许多其他品种却消亡了。

　　从1917年开始，诗人维克多·谢阁兰（Victor Segalen）就警告过我们。他的《异国情调论》在今天仍然令人回味：

　　　　多样性正在减少。那是人间劫难。我们要抵抗的正是这一衰亡……

　　今天的我们怎能不为这本在一战时期所写的《异国情调论》而震惊呢？诗歌能作理性所不能的预言。

　　数十年的视若无睹之后，救赎的时刻终于来临。与其说是为了保护文化遗产，不如说是出于从**一块确定的土地出发**，迈向更高一级的野心。

2018年2月27日，一项决议给出了一张所有猪的品种的名单。那些名字能带我们去世界各地旅行。

12个品种得到了承认。

除了主要的4种（大白猪、长白猪、皮特兰猪和杜洛克猪）以外，还有中国的梅山猪、法国瓜德罗普的克里奥耳猪（Créole）、法国利穆赞的黑臀猪（Cul noir）、法国的加斯科涅猪（Gascon）、法国的科西嘉猪（Nustrale）、法国巴斯克地区的黑白猪（Pie noir）、法国西部的白猪（Porc blanc）和法国的巴约猪（Porc de Bayeux）。后7种猪可被视为濒临灭绝，我们可能再也无法见到它们了。

其他非欧洲的本地品种猪继续繁衍生息，尤其是在中国。

猪的全身都是宝（1）

因为猪的哪里都能吃。

从后往前：

——尾巴；

——腿部（后蹄，胫部或后肘，火腿）；

——腰部（里脊尖，里脊，里脊端，肋排，脊骨肉）；

——肋条；

——胸脯；

——肩部（前蹄，胫部或前肘）；

——颈部；

——耳朵；

——头部。

还要加上覆盖整个背部的猪膘，包括猪肉皮和一层厚厚的肥膘，"纯白如雪"，一点瘦肉也不含。猪肉制品商很喜欢用这部分猪肉，尤其是因为这能给猪肉酱增加顺滑的口感。而且仿佛是谜底终于揭晓一般，大家会很高兴知道，多亏了猪膘，我们才能品尝到香肠中的白色块状美味。

大家已经明白，**刀工**是第一要义。这是一项流传千年的技艺，十分复杂，且根据各种实践做法和不同文化而变化，尽管我们得将其标准化，才能使类似部位的肉在各个大洲之间都能流通。在长年累月的辩论和大量论文的刊行之后，全世界的从业人员总算达成了共识。平衡解剖学和美食学可不是一桩小事。尽管我的想法会叫那些坐办公室的人吓得尖叫，但为何不让猪肉商们给我们的职业外交官们好好上几课呢？等待他们的可是几份烫手文件。

猪的全身都是宝（2）

厨师克里斯蒂安·埃切贝斯特曾接受采访：

——猪有没有哪部分是您不爱吃的？

——牙齿。我试过，但我实在吃不下去。除此之外，我真的喜欢猪的一切。

——那您最喜欢猪身上的哪部分？

——伊巴亚马排骨（côte de l'Ibaïama）。整扇猪排上的肋骨部分，800克，很肥。五分熟，带点血丝，配两三根佩齐洛和金迪拉辣椒。肋排是这份食物的灵魂，肥瘦适中……哪怕是生肋排，一眼看上去也很美，仿佛会说话似的！

以猪肉酱为标志

芦苇尽头。

尽管风大，潘诺尔圣母院（Notre-Dame-de-Penhors）的沙地上依然伫立着它的礼拜堂和耶稣受难像。

潘诺尔（Penhors），布列塔尼语是*penn c'horz*意思是"芦苇尽头"。

在欧地耶纳湾（Audierne），在芦苇荡的尽头，在普德勒齐克（Pouldreuzic）所在之处。

一位罐头制造商于1859年在那里出生。

还有一位作家生于1914年2月17日。

他们分别是让·埃纳夫（Jean Hénaff）和皮埃尔-雅克兹·艾利亚斯（Pierre-Jakez Hélias）。

贮藏和写作，从本质上来说，这两项活动很相似。将食物装进罐头里和写书，都是接手各种风味和意趣，并为其保留比预计时间更长的生命。而当作家遇见罐头制造商，说起话来就像同行。

在20世纪初，沙丁鱼绝迹于传统捕捞区已经有一阵了。

贫穷再临布列塔尼。这样的贫穷几近苦难。

由于鱼类的消失，人们只得开发起唯一剩下的本地资源，也就是蔬菜：四季豆和青豆。但每年的收成和价格波动很大，怎样才能保证农民们的稳定收入呢？

1907年，已经经营了潘得来夫农场20年的让·埃纳夫比任何人都了解生活的困难（有13个孩子要养活，还不算两个夭折的孩子）。他抵押了所有财产，找了两个合伙人，建了一家罐头食品厂。第一块砖在教区神甫的祝福下，于1907年4月30日落地。

开头是困难的：技术上的缺陷，股东之间的争斗，供应商的不可靠……大部分"工人"是女性。她们戴着越来越高的帽子，边哼着歌，边用心干活。

渐渐地，他的产品品类逐渐扩大。除了蔬菜以外，还有金枪鱼和沙丁鱼。一战刚刚爆发。农民和渔民都上了前线。谁来从事生产？于是，一个想法便产生了：为什么不将猪商品化呢？

1914年。各种试验始于4头猪。第一批尝鲜者激动万分。第一批上市的罐头便被瓜分一空。埃纳夫猪肉酱万岁！这家公司找到了自己的窍门和第一"印钞机"。

同时，作为第一副村长的让·埃纳夫承担起了向家属宣布其家人战亡消息的任务。他直到临终前都会记得这108次。108次探访。一家接着一家，几乎走遍了全村。每一次都是一样的场景。还没等到他开口，只要他一靠近，妻子、儿子、母亲便开始抽泣。

4年之后，幸存者们回到了村里，重启了经济。多亏了猪，埃纳夫公司壮大起来。每年夏天都有一个小男孩前来削四季豆赚零花钱。他名叫皮埃尔-雅克兹。他后来会描绘蓬拉贝地区和今天已经消失的"农民社会"：

> 我认识的农民不是一个社会阶层，而是一个完整的社会，包含这个词汇所隐含的所有斗争和骚动。这个社会有自己的技术工人，自己的操作工，自己的家佣，自己的工匠，自己的小镇居民。它有自己的商贩和自己的工厂主。它甚至还有几个气派的老爷，几个懂哲学的知识分子和一小撮大地主。说起农民，就像说起一条鱼。鱼注定在水中，就像农民注定在地里。但得知道到底是哪种鱼，哪种农民。
> 〔《骄傲的马》(*Le Cheval d'orgueil*)〕

普洛泽韦（Plozevet）市长乔治·勒巴耶（Georges Le Bail）所代表的"红派"和让·埃纳夫领导的"白派"之间的摩擦越来越激烈。前者是狂热的世俗派和共和党；因此，他们想到处强推法语这一社会统一和进步的第一载体。后者则在教会的积极支持下竭力捍卫布列塔尼的身份认同，而这并没有阻止他们成立一些积极活跃的企业。

1935年的某个晴天，让·埃纳夫决定放弃他一直以来的双重生活。再见，我的罐头厂！再见，普德勒齐克市政厅（Pouldreuzic）。他将他生命中的最后几年贡献给他的新爱好：酿造苹果酒。

他的葬礼上，神甫桥镇的公证员（和参议员）向他献上了最美也最简短的致意："让叔叔是个好人。"

大家一起摆脱中世纪

1945年，第二次世界大战结束的时候，布列塔尼是全法国最穷的大区之一。

那里的生活条件几个世纪以来一直没怎么改善过：超过一半的房子没有通电（法国其他地区的这个数据为10%），十幢房子里有八幢没有自来水，十分之九没有独立卫生间，而且大约百分之一的房子才有浴室。在一般情况下，房子里铺的还是泥地，因为缺乏住房和收入，三代人同住农庄。人们主要过着自给自足的生活，只有多余的蔬菜和谷物才会被卖去市场。一匹马、几只鸡、几头奶牛和十几头小猪则被用来改善这贫困的生活。至于将当时还几乎完全离不开马匹的农业进行机械化改造，则多亏了马歇尔计划。美国产的拖拉机被大量引入法国。布列塔尼大区将于1955年拥有15 000台，于1960年拥有50 000台。

改善总是缓慢的，甚至极为缓慢。在朗巴勒（Lamballe，"北部"海岸省份，很快就会被重新命名为"阿摩尔"滨海省）的北部，在名为埃南比安（Hénanbihen）的小村庄里，年轻的庄稼汉们定期在普兰柯埃特道（route de Plancoët）上的朱尔·勒菲弗尔（Jules Lefebvre）咖啡馆碰头。他们已经等不及了。他们可不像老一辈人那么有耐心和认命。他们想活得体面一点。多亏了呈指数型发展的农业技术学习中心，他们比他们的父母辈所受的教育要好。而且他们也拥有共同的价值观：他们大部分是，或者曾经是基督农业青年会（Jeunesse agricole chrétienne）的成员。问题又回来了，还是同一个问题：怎样构建一个体面的未来？答案毋庸置疑：大家团结起来！于是，1966年春天的一个晴天，一头听上去来头很大，但本事却微不足道的"怪物"诞生了：朗巴勒地区养猪人合作社，简称"养猪合作社"（COOPERL）。

土地稀少而贫瘠，选择很容易做出。没有比集中化饲养家畜更能快速致富的道路了。而且由于法国缺乏猪肉，不得不从海外进口，于是政府便针对养猪人提出了一项大型计划，并向他们的结社行为提供补贴。很快，养猪合作社便吸纳了逾千名加入者。

第一场战斗打响了……敌人就是屠宰场。因为向生产者买猪的就是他们。手握这项大权，他们便肆意横行，滥用权力：威吓，缺斤短两，拒绝将价格透明化。组织透明化市场变得刻不容缓。从1975年开始，这件事便得到了落实。供应稳步增长：每周超过10 000头猪。

此时，养猪合作社完全接管公司的决定被做出。一切从下游开始。为了让奸商钻不了空子，养猪合作社并购了好几家屠宰场，并不断进行现代化升级来提高利润率。他们还尤其重视猪身上的"边角料"，也就是血、鬃、骨头和肠子。

公司的业务蒸蒸日上，遍布整条产业链，从产猪工业化到物流样样精通，还包括一支卡车队。

欧洲共同体也在此时加入了进来。为了"统一"市场，欧共体发明了"货币补偿总额"（montants compensatoires monétaires）体系。在这一典型的布鲁塞尔专家专治机制的背后，一股扭曲的竞争态势正在蔓延，而获利的则是荷兰人和德国人。布列塔尼人以他们的方式，或温和或激烈地进行了抗议。1985年10月7日，法兰西共和国总统来此向他们宣布，他听到了他们的声音。我还记得我当时就在普莱斯兰–特里加伏（Pleslin-Trigavou）。作为时任总统的**文化**顾问，我去养猪合作社做什么？我当时对农业已经十分着迷，所以便自发参加了所有相关出访。当时的画面仍然留在我的脑海里：弗朗索瓦·密特朗和他的农业部部长亨利·那莱（Henri Nallet）穿得精致体面，还戴着工地上用的安全帽参观了屠宰场！我的耳边还回荡着那些庄重的话语："是的，能来到养猪合作社，法国第一猪肉生产者所在的布列塔尼大区，其猪肉产量占了全法产量的一半，甚至更多，对于国家元首来说，真是莫大的欣慰！……没有付出，没有智慧的付出是不能实现的。而这就是你们正在做的！"

直到此时，为了维持一个（相对）简单的架构，并为自己的养猪人提供选择自己供应商的自由，养猪合作社并未同意将业务扩展到上游。但境况变得越来越困难了。在欧洲内部的竞争日趋激烈的同时，饲料成本也开始暴涨。此时，天降良机。位于维特雷（Vitré，伊勒－维莱讷省）的食品生产公司，洛热（Logeais），正在寻找合作伙伴。工厂扩建，新的食谱投入应用（木薯、红薯等）。养猪人可以以原价购入饲料，比之前的价格低了20%。随着这场运动的继续，其他食品公司也纷纷加入了进来。年复一年，这条食品产业链得到了优化。每一个阶段都得到了发展：从谷物采集到存储，再到不断扩大的食品类别……

上游得到发展之后，下游再次引起养猪合作社的关注。养猪合作社的成功运营离不开这一挥之不去的观念：总是全盘考虑整个生产部门。一环得到加固，便立即着手相形之下显得弱势的另一环，不达目的，决不放弃。

现在就剩下最后一环，也是最重要的一环：终端客户，换句话说，就是消费者。当时，同样遵循这一大包大揽逻辑的大型零售商正在扩张势力，爱德华·勒克莱尔（Édouard Leclerc）[1]也已经在布列塔尼的朗德诺（Landerneau）市开始了批发业务，正以白菜价卖着饼干。怎么跟他们竞争呢？合作社选择的战略是寻找合作伙伴关系，比如和家乐福签订质量保证协议。与此

---

1 爱德华·勒克莱尔是法国著名的超大型连锁超市勒克莱尔（E. Leclerc）的创始人，该连锁超市遍布全法大小城市的市郊。

同时，外部市场被一举攻下：1994年第一次出口日本，然后是韩国、菲律宾、越南和中国（2005年）。养猪合作社成功出口全球40个国家。

参观养猪场

　　我有家人在坎佩尔（Quimper）经营一家农业用具售卖和修理公司。如果有人还记得的话，这家公司名叫艾孙商行（Esun），位于克尔戈兹巷（venelle de Kergoz，以前是一家修道院，我还记得电话是1—40）。

　　我的表亲帕特里克和我一起参观过一些农场。我注意到农场每年都在进一步现代化。我是亲眼看着他们一点一点地脱贫的。

　　最近，我面临着选择困难。

　　我的朋友达妮埃尔·埃文（Danièle Even）把她养的猪转让到了圣-多南镇（Saint-Donan），以便抽身担任布列塔尼农业从事者协会的主席，于是，我来到家附近开展调查。

　　如果要细究数字的话，特莱维莱克（Trévérec）在今天是一个拥有219个居民的镇子，但猪倒养了600头。要知道人与动物的比例并不是一直如此，但猪在数量上的优势不断扩大则正是布列塔尼历史的写照。

直到1950年，克尔梅利安农场仍几乎完全过着自给自足的生活：两匹马拉车拖犁，6头奶牛产奶，12公顷的土地用来种谷物和足够的蔬菜，再加上几头猪，其中大部分被用于改善伙食。这一生活模式几乎从19世纪起就没有改变过。

路易和克莱尔·热拉尔（Louis et Claire Gélard）在这个时候接手了这项事业。他们见证了自己的父母和祖父母如何长年日夜劳碌，却所获不丰。路易和克莱尔喜欢农民这份职业。有什么比养育人类更有价值的事业呢？哪家办公室能比布列塔尼的乡下更有趣，更有活力？但如此贫困和受限的生活是不可接受的。为了赚更多钱，拥有度假的权利，就要抓紧使产业现代化、合理化和扩大化。猪就将成为这一切变化的发动机。战略选择在一开始就被敲定：我们的猪，我们一定尽全力自己喂养。于是，饲养员便不得不干起另一行，种起地来。这是唯一能够监督猪饲料原料的方式。

同时，农庄的牲畜数量和面积也在增加：

1960年：20头母猪，18公顷。

1970年：140头母猪，38公顷。

猪的数量在1984年增加到280头，面积达到100公顷。

1994年，母猪数量达到了巅峰，600头；而面积也在继续攀升，如今达到了230公顷。

这一面积看似很大，但只能为猪提供一半的食物。因为它们的食量实在惊人：每年5000吨。它们的长膘速度也值此价（从出生到挨宰的6个月间长了120公斤，平均每天700克）。另需的饲料优先从邻近的农民那里采购（80%）。剩下的部分则由专门的公司供应。

这样一套完整体系最大限度地限制了运输（因此减少了二氧化碳排放量），几乎缩减了对波动日趋激烈的世界食品市场的依赖。虽然总是被遗忘，但这就是布列塔尼的王牌之一：拥有适合养猪的土地和气候。

1992年，路易和克莱尔的女儿多梅尼克及她的丈夫菲利普·戈蒂埃（Philippe Gautier）接手了克尔梅利安农场。

在两代人的陪同下参观这片开发区，就相当于穿越该地的70年历史，让人惊讶于这近乎中世纪的风貌居然能保持到昨日。想想看，克莱尔在大半辈子里都被看作路易的太太，**毫无任何职业存在感**，于是，**也没有任何权利**，然而她的成就并不亚于她的丈夫。直到1980年，她总算完全得到了农业开发者的身份。这场战斗是她勇敢地赢回来的。今天的女农场主们可要感谢她！

我将"布列塔尼模式"的每一环节都一一检查，并对其评论了一番。

这座农场作为我所参观过的场地中最好的之一，又干净，又大，采光又好，让我能够坦率直接又心平气和地展开讨论：

你们为什么把动物们都关起来？ 直到1980年，你们的楼房还带着院子，可以让它们随意溜达。

回答：将牲畜放养在外会导致它们的基因被野生动物污染。首先就是野猪，它们的数量越来越多，围墙也拦不住。关于围墙，这就又要提到价格问题了：要让200头猪安稳地在10公顷的场地上溜达，围墙的造价就会达到15万欧。这一饲养模式需要大量的场地，而我们却没有；还需要更多人手，我们也请不起。另外，这样还会让动物们受到天气变化的影响。

为什么用这种水泥和格板材质的复合地板取代传统的稻草地面呢？前者对动物的四足来说太硬了。

回答：略过稻草越来越贵的价格不提，卫生问题怎么保证？您喜欢看到你的猪被养在粪便当中吗？至于每天换草，有哪位消费者能会这件事买单？您在丹麦、德国、西班牙的对手们那里见过一根秸秆吗？这就又回到了老生常谈的道理：我们当然准备好改变一切。正如菲利普反复说的："背后要付出多少钱？"我是这么理解的：消费者是否准备好为了他们所希望的改善买单？哎，答案为否。他们更愿意成为Netflix的付费用户。

话题回到动物。

为什么要磨去小猪的牙齿？

回答：这一操作还远未涉及所有小猪。每次这么做都是为了保护母猪的乳头，保护它们不受过于尖利的牙齿或过于暴力的撕咬的伤害。

为什么要给小猪断尾？

回答：请看看这个猪栏。我们什么都没干。30头小猪里，只有4只还有尾巴。其他猪的尾巴不是被相互啃咬完了，就是干脆被切断了。这些畜生调皮得很。

为什么要给小公猪去势？

回答：为了保证它们在成年后被宰杀时，肉味不至于太难闻。这项操作必须配合镇痛措施进行。

为什么将哺乳期的母猪关进笼子里？ 一头头又大又肥的母猪躺在铁笼子里的场景是最令人反感的。它们的十三四头小猪在母亲的肚子旁一字排开，贪婪地吮吸着母亲的乳房。

回答：有些母亲动不动就要吃小猪，或是把它们踩扁。（要保护小猪是我们能听到的最主流的辩护观点。）

也就是说，这样的禁锢被反复提及，将会越来越难以被人接受。许多养猪场开始努力赋予动物更多的自由。但要知道，自由是要花钱买的，每头猪6欧。在各种大型连锁超市所操纵的这场持久的价格战中，在这种越便宜越好的疯狂中，消费者们是否准备好为这一微小的价差付钱？

三文鱼也浑身都是宝

巴黎高等矿业学院经济学教授弗朗索瓦·雷维克（François Lévêque）仔细地剖析了全球化的机制。他在已出版的著作中描绘了"竞争的新衣"（*Les Habits neufs de la concurrence*，Odile Jacob 出版社，2017年）。

读了他的书，三文鱼的惊人成功（1980年产量12 000吨，40年后就达到了近250万吨）堪称加速版的另一段养猪史这一点便一目了然。

三文鱼也是粉色的，不过那是因为没有虾壳喂养而人工添加了胡萝卜素所导致的颜色。

三文鱼也是人工养殖的（鱼类人工养殖的历时更短暂，不过50年而已）。

同样的少数几个国家支配市场的情况（挪威和智利共占据75%的市场份额）。

同样的工业化过程，同样的引入大型设施的倾向（在某些海上农庄里，超过100万条三文鱼被关在同一个笼子中）。

同样的为了养殖动物而给自然资源施加的压力。猪每长1公斤需要多少谷物和大豆？多少野生鱼类被压成鱼粉就为了让三文鱼多长1公斤？

出于同样的原因（过度拥挤）而导致的脆弱（常常生病）。而它们都被以同样的方式对待（因为缺乏疫苗而使用抗生素），从而造成了相似的污染，无论对环境，还是对消费者的身体健康都造成危害。

同样的生产链爆发，而工资却相对微薄。挪威出生的鱼在苏格兰成长，在波兰熏制，或者在中国切割，最后由卡车或者冷冻集装箱（有时候是空运）从地球的一头运到另一头。

同样的产品多样化，从而能够满足所有顾客群。在勒克莱尔超市或佩特罗西安专卖店（Petrossian），1公斤三文鱼的价格可以是16欧或……179欧。

同样的企业不断集中化，原因也是一样：阶梯式经济让成本持续下降，使企业在谈判过程中处于强势地位，研发能力增强……这一行业的龙头是挪威Mowi公司（旧名Marine Harvest）：14 537名员工遍布25个国家，占全球三文鱼市场的五分之一。

在法国，也上演着相同的"大富翁"游戏：最大的金枪鱼罐头厂商Thaï Union Frozen取得了海洋联盟（Mer Alliance）

集团的控制权，后者早先解散了传奇罐头食品厂，杜瓦讷内（Douarnenez）市自1932年以来的招牌：小海船（Petit Navire）。

当然了，变成了家猪的野猪失去了森林。那三文鱼呢？除了个别鸟类，这是动物界迁徙最多的物种了。它生于河流源头，刚一成年便投向大海，到了可繁衍的年纪才回到淡水区产卵。可怜的养殖三文鱼，从一出生便被关在笼子里，死后才能收回漫游世界的权利……

要知道，等待着红金枪鱼（*Thunnus thynnus*）的也是这样的命运，即使这种鱼在它的前半生还能自由地活着。一到春天，从塞特（Sète）[1] 出发的大型船只张开巨大的渔网（地曳网）将整群鱼圈在水下，慢慢地一路拖到马耳他和巴利阿里群岛，那里的"农庄"正等待着它们。尊贵的金枪鱼们将在数月之间被投喂各种产品（尤其是被压成畜粉的大西洋鱼类）。每条金枪鱼都会重达250公斤，这个重量的金枪鱼足以用比黄金更贵的价格出售给日本人。

全球化，所谓交流的天堂，其实是用无数对自由的严重剥夺换来的。

1　法国南部临地中海重要港口。

五点看懂全球市场

猪肉和禽肉是全世界消费量最大的肉类：全球每年宰杀10亿头猪。

如果说新兴国家的需求继续上扬的话，发达国家的需求已趋稳定。

1. 三个最大的产区是中国、欧洲、北美。中国的产量（4亿6000万头猪）是欧洲的两倍，而欧洲的产量则是北美的两倍。猪瘟一度打乱了这一格局。但疫情过去之后，原来的产量分布应该会恢复。

2. 这三个产量大区也是最大的消费地区。结果是，洲际交易平均每年只占全球产量的不到10%，即使某些事件会推动交易：俄罗斯市场于2015年关闭，从2018年开始，中国大量进口猪肉。

3. 全球市场的标准化程度非常高，因为猪肉切割自有一套规格。这一标准化产生了两个结果：

——使交易变得极其顺畅，猪身上的每一个部位都能根据每个国家的偏好而找到买家。比如法国就出口猪蹄，进口火腿。

——竞争惨烈。价格战如火如荼。

4. 欧洲市场由两极统治：

——综合程度极高的北欧国家联盟，包括非常清晰和高效的业务分配。猪在丹麦和荷兰出生；在德国养肥和宰杀。

——组织性极好的西班牙：猪的出生、哺乳（小猪常常体形巨大）和最后步骤（宰杀和切割）由一些大型企业负责，而养肥则还是养猪人的责任。

5. 至于法国，则在主要位于布列塔尼的14 000个产区中，养着2500万头猪。如此高产，却还是没能阻止法国在此领域年年背赤字（2017年亏了4亿欧元），尽管出口了70万吨，其中三分之一是与欧盟以外的地区进行的交易。

三

行医而不自知

胰岛素

猪的全身可不只是宝。

它身上的许多器官也能助人。自远古时期，一种诡异的疾病就在许多人身上出现：伴随着强烈的口渴感，尿频且量大，食欲不减却迅速消瘦，腹痛，疲惫感……出现这些信号的几天或几周后，人就会陷入昏迷，甚至因此丧命。

人们等到接近19世纪末期才揭开了谜底。

保罗·朗格汉斯（Paul Langerhans）于1847年生于柏林，父亲是医生。在那个年代，人们对这些症状的处理马马虎虎，主要是采用不含糖的食谱来对付，因为当时的人们对身体的运行机制也不甚了解。朗格汉斯决定仔细研究这些机制，并成为了生物学家。他选择了胰腺——这个藏在肚子最深处，当时没人知道其作用的器官作为博士论文的主题。他发现了细胞的聚集团，后来被命名为"朗格汉斯岛"。他还没弄清这些小岛中某些特定细胞所扮演的角色，但已经猜到了它们至关重要的作用。

胰腺作为一直以来被遗忘的器官，从此成为研究的重点，且由于国际上的激烈竞争，研究速度不断加快。

那时，克洛德·贝尔纳（Claude Bernard）也在研究胰腺，但他研究的是其另一种功能：食物油脂的消化吸收功能。他发现，血糖的调节也由另一个器官——也就是肝脏——负责。

别忘了，是朗格汉斯发起了这一运动。大概是为了惩罚他向人类泄露了他们想保守的秘密，神明们判了他……肾衰竭。他的双腿和双肺逐渐充满了积水，然后便陷入了昏迷。他死于1887年，过41岁生日之前。我在马德拉岛时，曾在他亲自选择的墓前瞻仰。他长眠在"真正的墓地里，远离尘嚣，是长眠的好地方"。

同年，法国医生埃蒂安·朗瑟罗（Étienne Lancereaux）描述了该疾病症状不同的两大类型，也就是两种糖尿病。他的直觉告诉他，这都是由胰腺的运行不良造成的。

一年之后，两位医生论证了这一点。奥斯卡·明考夫斯基（Oskar Minkowski）和约瑟夫·冯·梅林（Joseph von Mering）激进地取走了一条狗的胰腺。后果很快就出现了：这只动物马上就患上了糖尿病！似乎血糖（血液中的葡萄糖含量）水平是由这个器官调节的。

过了一段时间，也就是1914年到1918年期间，人们死亡的原因有许多种，不只是因为糖尿病，当时有的是让大家操心的事。20世纪20年代初，一队加拿大人成功迈上了新台阶。外科医生弗雷德里克·格兰特·班廷（Frederick Grant Banting）重提了"朗格汉斯岛"：他肯定正是这些"小岛"生产了能够调节血糖水平的物质。这个观点得到了一位生理学教授约翰·马克洛德（John Macleod）的支持，很快又得到了一位生物学家詹姆斯·克里普（James Collip）和一名学生查尔斯·贝斯特（Charles Best）的拥护。

他们共同准备的胰腺提取物越来越具有活性。1922年1月11日，一名年轻的糖尿病患者，14岁的雷奥纳·汤姆森，在垂死之际来到多伦多医院。他被注射了第一针提取物。但没有成功。12天之后，第二针进一步提纯的针剂拯救了他。人们直呼奇迹。

第二年，诺贝尔医学奖奖励了班廷、马克洛德、贝斯特和克里普这四位科学家。

但第一位于1916年就分离出决定性物质的人来自罗马尼亚，名叫尼古拉·巴乌勒斯库（Nicolae Paulescu）。他和明考夫斯基以及梅林一样，切除了一只狗的胰腺。然后，他给狗注射了这种被他称作"胰腺素"（*pancréine*）的物质，使它避免了罹患糖尿病。战争阻碍了这项重大突破的发表。大家已经看出来了，这一"胰腺素"在今天被叫作"胰岛素"（*insuline*）。

"insuline"这个词来自拉丁语的"*insula*"："岛"。

岛……医学界还真是钟爱地理。而胰腺正是在身体深处的失落的岛屿。

至于罗马尼亚人尼古拉·巴乌勒斯库，我们可别吝啬对他的尊敬！因为害怕未知的副作用，他没敢将实验对象扩展到人身上……所以才被加拿大人抢了先。

与此同时，猪闪亮登场。既然它的胰腺与人的胰腺如此相像，为什么不用呢？1921年12月，夏尔·嘉尔丹（Charles Gardin）冒险一试。4名糖尿病患者发现，在吸收了静脉注射的……猪胰腺提取物之后，他们的血糖水平大幅下降了。

朗格汉斯的眼光很精准。他的"小岛"确实是胰腺的关键部位，是保证我们的机体正常运行的必要激素的生产地。

而猪的胰腺所承担的功能与人类的胰腺一致，为什么不用呢？对于任何想生产"许多"胰岛素的人来说，最好去联系屠宰场而不是医院：您想要多少朗格汉斯岛就有多少，价格也不贵。

只需要好好处理，就能使用，尤其是要严格遵守冷链运输。变质的胰腺是不能用来生产合格的胰岛素的。

随着糖尿病人数量的增长，从猪身上提取胰岛素的做法也变得普遍化，并有组织地进行。被提取胰腺的猪的规格也逐渐标准化：差不多两公斤重、已24小时未进食的小猪。由于市场广阔，各个实验室加班加点地工作，以期获得越来越精纯的胰岛素。

与此同时，研究人员开始探索其化学结构，并最终于1955年揭晓。19年之后，礼来制药（Eli Lilly）成功克隆了人类胰岛素中的基因。从此，通过基因技术生产胰岛素便成为可能。这个愿望于1982年得到了实现。

感谢猪！从1921年12月夏尔·嘉尔丹做实验的那一天开始，到1982年的60年间，数百万糖尿病患者欠它一条命。在那之后，才由转基因细菌生产的人类胰岛素接棒。

这是不是说，今天，这些慷慨献出它们身体的动物们不再奉献了？大量实验室，尤其是加拿大实验室仍继续从它们身上提取这一神奇的物质。似乎部分病患用猪的胰岛素才能更好地调节血糖。

微生物菌群领航

　　离凡尔赛不远的小城茹伊昂若萨斯（Jouy-en-Josas）因为一位居民而名声大噪：克里斯托弗·菲利普·奥贝尔康夫（Christophe Philippe Oberkampf）。

　　这位德裔企业家于1759年在这里开了一家印花布作坊，然后很快进行了扩建，雇用了多达600名工人，并收到了享誉盛名的"王室"认证标签。他的房子变成了音乐学院，但剩下的地方被改造成了一间中学。从1956年到1960年，作家帕特里克·莫迪亚诺（Patrick Modiano）[1]在此度过了爱做梦的年纪。

　　当地的河名叫比耶夫河（la Bièvre），得名于河狸的古名（高卢语是bebros，英语是beaver）。在默默无闻地流淌许久之后，它就在圣母院的对面注入塞纳河。但在那之前，它流经的地区有

1　莫迪亚诺（1945—　）是法国当代著名作家，曾于2014年获诺贝尔文学奖。

着当地的另一个荣耀，那就是法国国家农业食品与环境研究院（INRAE）[1]。

我懂得那么多，全要感谢我的父母。他们可能是为了"修复夫妻关系"才决定离开巴黎，到邻近的村庄定居的。每周日，我们都会向在实验室之间悠闲地吃草的奶牛和羊群打招呼。我心里牵挂它们，常问起人们到底对它们做了什么。

"这是为了它们好。"我父亲（一个实用主义者）说道。

"这是为了我们好。"我母亲（一个道德观察家，也是君主政体拥护者）纠正道。

他们跟我说起世界各地的饥荒，为了变得更强壮而吃肉的必要性。在得到了我完全没听懂的冗长解释，包括筛选、基因、产能……之后，当天晚上我总是吃不完盘子里的菜。

60年之后，我再一次来到接待处。

> "您好，我有预约，和克莱尔……"
>
> "罗杰尔–嘉亚尔（Rogel-Gaillard）女士！她在等您。我去叫她。"

与这样的学者，UMR 1313研究所，也就是GABI（动物基因与整合生物学）研究所的负责人见面，是不能不做准备的。而

---

1 原名法国国家农业研究院（INRA），2020年1月1日更名为法国国家农业食品与环境研究院（INRAE）。——作者注

且她所发起的针对猪的研究建立在茹伊昂若萨斯的研究中心的开拓性成果上，该中心研究的是占据了各大期刊封面的人类肠道微生物菌群。我们怎么会对《大肠的秘密魅力》（*Charme discret de l'intestin*）一书〔茱莉亚·恩德斯（Guilia Enders），2015年〕的成功视而不见呢？

让我们做一个概述。

我们得接受一个事实：我们是"混杂"的生物，一（小）部分是人类，一（大）部分是微生物。我们体内的微生物数量超过了我们的细胞数量：仅仅在肠道中就包含了超过100万亿个微生物。人们把它们叫作"菌群"。口腔里，皮肤上，呼吸道和阴道里都有它们的存在。但肠道菌群比上述菌群都重要得多：它重达两公斤，比大脑还重。我们应该将这一菌群视为一个**完整的器官**，因为它承担了各种功能。

我们一天比一天更明白菌群对维持我们的身体运行的重要性。

第一位在20世纪初便在理解免疫机制方面获得进展的人是当时在巴斯德团队工作的俄罗斯学者伊利亚·梅契尼可夫（Ilia Metchnikov）。他后来又对衰老产生了兴趣：为什么保加利亚人比我们活得更久？这要归功于他们喝的酸奶。酸奶中包含**益生菌**，换句话说，就是有益于生命的细菌。

我们的消化道壁上附着黏液，这种胶质液体扮演着选择屏障的角色：它吸收由被消化的食物所供应的营养物质，并与此同时拦住不受欢迎的微生物。我们的健康就取决于这道聪明的屏障。营养物质的良好吸收会降低代谢疾病的风险，比如糖尿病或肥胖。我们的免疫系统的增强使我们能够应对致病因素的不断侵袭，并阻止炎症的发展（比如克罗恩病）。某些精神错乱疾病也包括其中。（这让自诩会思考的我们不太高兴，但肠道活动和大脑活动之间的联系已经被证实了。别忘了，我们的肠道里存在着数百万个神经元。）

人们更好地了解了为何研究这一菌群的科学家如此热情。这个群体究竟是何方神圣，能从默默无闻，被人瞧不起，到具有决定性的影响力？它是由哪些部落构成的？能不能根据它的组成来确诊疾病？

在这个菌群所包含的细菌里，某些细菌在实验室中进行分离，并成功培养，从而被世人更好地认识。但不是所有细菌！最新的测序技术终于能够识别这些小东西的DNA了。为此，就必须从粪便中提取。抱歉，要加上这么难闻的细节！

于是，2010年，第一本人类肠道菌群目录公之于世。5年之后，鼠类的肠道菌群目录也得到发表。

那为何现在要关注猪的肠道菌群呢？

这就是动物基因与整合生物学研究所和巴黎–萨克雷动物科学研究所（SAPS）所长克莱尔·罗杰尔–嘉亚尔即将告诉我的。

公路在一幢幢紧挨着的、低矮且彼此相似的白色建筑中间蜿蜒。我们是想探求动物健康的哪些秘密呢？为了能够在每一个秘密前逗留，我愿意付出许多。但我还记得我父母的恼怒：你提太多问题了，艾瑞克，快停止这个习惯，这样太荒唐了，你已经过了老是问为什么的年纪了！

克莱尔在路上向我宣布了好消息：

"我们在为来自11个产区的287头猪的粪便DNA测序时，识别了猪的肠道菌群的770万组细菌基因！这要感谢法国的各大研究所，哥本哈根大学和中国科学院北京基因组研究所。

"相同的基因子集也在所有猪的身上被找到，但我们也注意到了大量的个体菌群。

"这一研究的另一个发现使我们确认了我们对这种动物的兴趣是值得的。

"如果说96%的人类肠道菌群的生物功能也在猪的肠道菌群中存在，却只有78%的猪肠道的功能在人类肠道中被发现，那么结论就是：在猪身上，我们能找到一些额外的功能！"

大家已经猜到，我的仰慕之情溢于言表。

"让-雅克·勒普莱（Jean-Jacques Leplat）在等我们。他是我们与CEA共同开发的各个项目的'骨干'。"

我没听错吧？CEA，原子能委员会！动物的事，关原子什么事？由于猜到了这个话题的敏感性，我更想把这个问题留到之后。

我们穿过了带刺铁丝网拦起来的双重围墙。

"我们到家了，"动物基因与整合生物学专家嘉亚尔女士说道，"哦不，我们到猪的家了！我们可别把瘟疫带进去。"

"骨干"在等着我们。这是一位笑嘻嘻的先生，举止非常温柔。我应该是穿上了一件白大褂，有些困难地把我粗笨的徒步鞋套进浅蓝色的塑料袋里。

"非洲猪瘟叫我们不得不这么做！"

迎接我们的是几声嗷叫。20多头小猪，由它们的父母陪着，被分在4个围栏里。它们身上的黑毛都带着奇怪的白色斑点。

"这就是我们珍贵的研究主题之一：黑色素瘤，换句话说就是皮肤癌。猪的皮肤很像我们的皮肤，也会发展出肿瘤，而且比我们更多发。请看看这头猪身上的这道长长的伤疤。我上个星期才给它动完手术。这头小的，在那里的那头，您看看沿着它眼睛的凹陷，那个肿瘤可叫我费了一番功夫！"

克莱尔笑着接过话题。

"我们的让-雅克太喜欢自己的病患了。每一头都能让他滔滔不绝说上几小时。我们很高兴能帮这些牲畜减轻痛苦。但我们首先要做的仍然是理解，理解为何这些动物会在出生没几个月的时候就患上了那么多种癌症，还伴有一连串转移。还要理解为何癌症潮会自动终止在出生后6个月。"

"您的意思是肿瘤会在那时候停止发展？"我问。

"比这更好，肿瘤会退化！然后彻底消失。癌症转移也是一样。您现在明白为什么我们对这个进程的发现这么感兴趣了吧……"

"我明白了！"

"即使猪并不是人……"

"我们可像得很！"

"我知道你们已经研究得相当深入了。"

气氛十分轻松，我觉得现在可以提CEA这个名字了。

"哦！我们的合作在2017年停止了。但我会向您介绍发起这些项目的人的。"克莱尔答道。

让－雅克·勒普莱证实了他身上散发出来的温柔气息。他拿起了一个抄网，向我们展示他是如何把患癌的小猪与它母亲分开的。于是，小病猪们就在网里蹬着腿被移至手术室中。

这个初步启蒙阶段结束之后，我们便来到一间没有窗户的房间进行总结。法国原子能委员会的阴影仍然笼罩着我们：我觉得对一个普通的实验室来说，这里的墙有点厚。我驱逐了脑中的阴谋论幻想。嘉亚尔女士介绍起正在进行的研究全景。

如果说养猪人一直在等研究人员找到提高**生产力**的方法（使母猪更高产，让猪长更多肉，肉质更好），那么整个社会就会要求"对动物有更多的尊重"，同时也会要求"全新的实践"（少用抗生素等药物；减少对环境的破坏，少用硝酸盐……；在产地和生产方式上更透明）。我们需要识别能够取得这些结果的手段：如何在每一个物种中筛选动物，对其进行"改良"？如何在资源渐渐枯竭的同时"更好地饲养"？还有，如果我们能够成功"引领菌群"呢？通过修改其构成，我们能够改变动物的新陈代谢水平，从而改善我们的饲养技术，茹伊昂若萨斯城永远不会忘了它的使命：难道它不是长久以来被叫作国家**动物技术**研究中心吗？

但**人类健康**的维度被加入了进来。我们知道巴斯德提出了**整体健康**（santé globale）的概念，这一概念又得到了阿尔诺·丰塔奈（Arnaud Fontanet）践行的"同一健康"（One Health）理念的推动。如果人类吃的动物和植物病了，如何想象他们能拥有良好的健康状况？有什么比猪这一与我们的基因最相近的动物更好的**抗疾病模型**？

这次访问再一次让我想起了我的父母。在巴黎的时候，我们住在弗吉拉尔街（rue de Vaugirard），就在巴斯德研究所后面……我们几乎每天都会沿着外面的栏杆经过，而且我每次都会听到同样的陈词滥调：为了攻克疾病，伟大的学者们在此日夜工作。

在搬到茹伊昂若萨斯后，我可亲的父母向我解释，还有其他伟大学者在照顾动物。

很久以后，我才懂得了健康同一，即两场战斗的一致性。巴斯德难道不是先**治愈**了动物：蚕宝宝、母鸡、绵羊和母牛吗？

如果河狸继续栖息在它们的比耶夫河里，它们大概会在我正废除人与动物之间的界限的时候，用它们扁平的尾巴敲击水面，畅快地嬉戏。

感谢其他寄生虫

克罗恩病的表现为长期的消化道炎症，甚至会造成严重的溃疡，不得不进行外科手术干预。在欧洲，这一疾病影响超过200万人口。其成因仍然未知，但对其症状的治疗普遍还是取得了不错的成果。

有一种新方法，虽然乍一看有些奇怪，但正处在评估状态。

也就是说，在得病的人类肠道中放一种……猪肠虫，即一种寄生虫。

当人体受到细菌侵袭的时候，会调动自身免疫系统来应答。似乎在克罗恩病病患中，这一应答是过度的，即肠道**过度反应**。这些寄生虫的繁殖也会激起肠道的反应。后者平衡了，或者可以说纠正了之前的过度反应。

除了安娜－索菲·樊尚－卢恩戈（Anne-Sophie Vincent-Luengo）在她精彩的药学博士论文（《猪的潜在利益：从药理学到

疗法》）中所讲述的某些实验的结果——似乎是正面的——以外，她所选择的方法更为有趣。而且这一方法也属于我们社会的三重运动。

第一重，（总算）对菌群产生兴趣。

第二重，（总算）将生物多样性视为需要捍卫的宝藏。

第三重则是我们刚刚谈论的：接受（并不是全盘接受）打破人与动物之间的界限。

猪与原子

回到茹伊昂若萨斯。

"一切都好吗？"克莱尔·罗杰尔-嘉亚尔回头看着我，有些不安。的确，在我通常十分轻松愉快的脸上，再小的疑问、再轻微的疑虑也会在一秒之内浮现出来。正因如此，我的孩子们郑重其事地禁止我打扑克。"爸爸，你的脸上什么都藏不住，你会把我们积累的优势很快就输掉。"

尽管穿白大褂的男男女女用善意和好心情欢迎了我，但氛围却是沉重的，迟钝的，隐秘的。在实验室里我总是感觉很自在，很快乐，总是受我永不满足的、被研究的冲动所填满的好奇心驱使。但现在……如果我跟着自己的感觉走的话，我就会说声谢谢，然后以最快速度离开这个地方，回到比耶夫河谷河与它的田园牧歌。过了一段时间，在最终注意到墙壁的厚度和窗户的罕见程度，尤其是那种有点发绿、精打细算的灯光，和我们呼吸的一点都不新鲜的空气之后，我才理解这种不适的性质。

"我的意思是……我感觉有点像在地下掩体里，在马奇诺防线上的某个建筑里，与其说这里是科研中心，不如说是军事工事。"我说。

"猜得不错！这可能会吓到您，但两者并不是矛盾的。"

她带我来到了咖啡机旁，其他研究人员正在讨论一笔欧盟借款的申请。她递给了我一个发烫的纸杯："我自作主张给您倒了加糖的咖啡，您是需要的。"然后，我们来到了20世纪60年代。

"您知道的，戴高乐将军重新掌权后，决定为了国家独立，加快我们的核武器建设……"

"这和养猪有什么关系？"我问。

"这我会说到的。持有放射性物质可不是没有危险性的。我就不说原子弹爆炸会造成的后果了。在这项核计划中，原子能委员会必须牢记这些新武器，或核电站可能出现的事故对健康的影响。简单地说，法国国家农业研究院和原子能委员会决定联合起来，共同建造我们所在的这座特别的建筑。"

"对不起，那和猪有什么关系呢？"

"总是它们倒霉！它们跟我们太像了。它们的身板可以跟我们相比，皮肤也和我们一样对射线的灼伤十分敏感。另外，母猪是很高产的：每头母猪每年能生25头小猪，"小白鼠"真是源源不绝！您运气很好，马塞尔·维曼（Marcel Vaiman）住在阿拉戈大街（boulevard Arago），就在您家附近。在30年间，他是这项工程的总负责人。我只有一个建议：别听他的谦虚话，一些重大发现都是多亏了他，尤其是SLA（猪白细胞抗原）。请代我打电话给他，他会跟您解释的。"

那时正值酷暑。

"您来得正好，我可以带您去有空调的房间。"

我感谢了他，并没有想到有另一种维度的热量即将把我们包围。

马塞尔·维曼还是年轻兽医的时候，刚刚在原子能委员会服完兵役，后者推荐他来到这间挑起了我的好奇心的放射学实验室工作。

整座建筑是完全封闭的，每个房间的空气都由低处的管道抽送，经过多次过滤，然后被排出室外。"放射性液体废料"，也就是被感染的动物的尿液，在地下室进行检测，然后排出。至于"固体废料"，也就是这些动物的粪便，则由一个独特的焚化系统处理。

最让人烦恼的是一个**放射性实验室**：一个含钡混凝土建的房间，墙壁厚达1米，其中添加了8个钴-60放射源。我查阅的一份资料用冷冰冰的工程师语言明确表示："这些源被对称地放在平行六面体的8个顶点上，从而得到了一个容积超过1立方米的均质放射容器。"

通过这些设施，我们可以推测出法国国家农业研究院和原子能委员会共同进行的研发：他们所做的是评估**内部感染**（放射性食物的吸收）和外部放射（谢谢，也就是钴）对健康的影响。

这里得上一节简单的基础医学课。核放射会对人，或对猪造成什么样的破坏？马塞尔·维曼微笑着看着我。

"欧森纳先生，您所在的法兰西学术院是做什么的呢？为什么法兰西学术院会给差异很大的现象取同一个名字呢？**脊髓**是一种长长的线缆，沿着脊柱往下，向身体传达来自大脑的神经冲动，并向大脑发送所有身体感知的信息。至于黄色的骨髓则存在于所有骨头中，由70%的脂肪构成。骨髓也是我们品尝的对象，我们会将其放在一片烤面包上，再撒上粗盐。但在有些扁平骨中，比如在胸骨或后部髂骨中，存在**红骨髓**，是干细胞的大本营。这些细胞一方面产生淋巴细胞（在免疫应答中扮演至关重要的角色），另一方面产生构成血液的三种主要成分：红细胞、白细胞和血小板。"

这三大类物质始终由**红骨髓**更新，衰老的细胞被新生细胞替代。受到放射影响的后果当然取决于其剂量。假如剂量过大，那更新换代进程便会终止，骨髓会产生越来越少的红细胞、白细胞和血小板，贫血症、败血症、感染便会接踵而至。几天之后，死亡就会降临。

唯一的治疗手段就是为患者进行骨髓移植，来源是与受体适配的健康人体。这一移植能够使骨髓重组。但如何建立捐献者和受体之间的适配关系呢？

让我们回到几年前。在圣-路易医院，让·多赛（Jean Dausset）在这个免疫学问题上已经耕耘多年。他于1958年就发现了这个促使机体识别**属于自身**和不属于自身的物质的机制。因为问题的关键就在于此：一个机体是如何在**自己**和**非己**之间做出区分，并且如何排斥并不属于自己的物质的？这一体系被叫作HLA（人类白细胞抗原）。这一关键成就使移植成为可能，也为他带来了1980年的诺贝尔奖。

马塞尔·维曼没等到让·多赛的获奖，就在猪的身上实施了这个方法。1970年，他在美国重要期刊《移植》(*Transplantation*)刊登了一篇文章，给出了SLA（猪白细胞抗原）存在的证据。这个猪类的组织相容性体系与人类的HLA体系是完全具有可比性的。

在圣-路易医院和茹伊昂若萨斯的马厩实验室之间，合作不断增多，而且不仅仅是为了明确相容性的逻辑。因为排异的风险得到了越来越好的监控，移植技术便得以飞速发展。免疫学家们在茹伊昂若萨斯看到越来越多的外科医生想在动物身上试验他们的技术。这些动物无论是体重和器官功能，还是在生理上，都与他们未来的病患极为相似。

可怜的猪：它们的痛苦与牺牲（要知道这可不是自愿的）促进了人类医学的进步。

"哦，我们离讲完这些相容性还早着呢。我们停在哪里？"

我在阿拉戈大街上步履蹒跚，一边慢慢地往当费尔-罗什罗（Denfert-Rochereau）走，一边思考马厩实验室的大学者和兽医马塞尔先生最后发表的意见。他向我解释说，今天有些团队正在研究人类白细胞抗原和猪白细胞抗原。换句话说，他们正在想象染色体为了制造全新的相容性而在移植所涉及的区域会发生怎样的行为。

"您的意思是在人与猪之间的相容性吗？那为什么我们不把

猪的心脏瓣膜移植到人身上呢？"

"是的，您说得对，但问题是这些组织的血管很少，只是简单的膜而已。要进行真正的器官移植就是另一回事了。您听说过Crispr Cas9吧？我们拥有的分子剪刀使我们能够剪去某些基因，换上另一些，甚至直接删去这些基因。至于我们做的事，那就是用人类基因（制造人类白细胞抗原的）替换猪的基因（制造猪白细胞抗原的）。猪的全身都是宝，这句话是前所未有地正确。我们还没有到那一步。但我们在进步。您想象过市场有多广阔吗？我们不知道有多缺人体器官捐献者！"

酷暑没有消退的意思。我小步走在栗子树荫下。我从尖叫声辨认出我正沿着健康监狱（prison de la Santé）走。当天气渐热时，犯人们会发疯，会声嘶力竭。

健康监狱。这两个词放到一起总让我感到下流。身陷囹圄还能期待什么**健康**？那如何描述长久以来，医生所陷之困境？然而现在……科学有的是方法来解放健康，摧毁横亘在**自己与非己**之间的隔墙。别疑惑，在如影随形的商业欲望的支持下，自由一定会实现的。但当这些全新的人类成为混杂了电子（为了提高他们的智力）、钛（为了增强股骨）和猪（移植心脏瓣膜）的**新时代不朽者**时，最低限度的自我身份如何才能幸存下来？

或者说，幸存下来的，是我们身上的谁？我们身上的哪一部分？是人类的部分还是猪的部分？二者之中，我们能在哪一部分找到最多的人性？

谢谢你们，小矮猪！

猪长大和长胖得飞快，这是优点也是缺点。100多公斤的庞然大物是很难运输的，饲养的成本也很高，而且安置起来很麻烦。

于是，人们就想到了一个主意，创造更符合研究人员的需求的动物：肉量更少、更易操作、在身高和体重方面更接近人类的猪。

第一批矮猪是美国明尼苏达大学荷美尔研究所于1949年研发出来的。必须进行许多杂交：来自阿拉巴马州的几内亚猪+来自加勒比地区的某个岛上的野猪+路易斯安那州的皮内·伍德猪（Piney Wood）+关岛（密克罗尼西亚）上的拉斯·爱纳–朗刹猪。由于人们觉得这种猪的皮肤太黑了，于是就请了一头约克郡猪来参与这场大杂烩。

过了一段时间，在20世纪70年代初，尤卡坦小型猪

（Yucatan）诞生了。它的名字来自墨西哥半岛，因为在那里生活着天生矮小的一种猪。但它们还是太大了。于是，人们就将它们与其他品种混杂，最终达到了期望的体形：出生时重450克，成年后最多长到80公斤，身高75厘米。这样小巧的身材还是被某些研究人员认为过于壮硕，因此他们还是继续将其进行杂交，发明出真正的矮猪。尤卡坦猪以它的温柔和对许多疾病的超常抵抗力征服了人心。它的鬃毛稀少：这方便了对它的皮肤的研究（观察烧伤的后果、结疤的情况）。

其他品种也陆续被培育出来，比如汗佛特猪（Hanford），皮特曼-摩尔猪（Pitman-Moore）……

但最著名的小型猪，似乎也是最常培育的，被取了一个德国名字，也是法国歌手芭芭拉（Barbara）[1] 的一首歌的名字：哥廷根（Göttingen）。它是由当地的大学通过将明尼苏达矮猪和一些天生矮小的越南猪杂交而获得的。哥廷根猪拥有好几个优点：

——成功的小型化（成年后约40多公斤，身高很少超过50厘米）；

——性情温和；

——性成熟非常早，公猪于4个月时成熟，母猪5个月，这带来的是无与伦比的繁衍速度。

———————————

1　芭芭拉（1930—1997）是法国20世纪六七十年代的著名歌手，是法式流行歌曲的代表人物之一。

这就是为何哥廷根猪会在大部分研究活动中取代它的矮猪同行们，对它开展得最多的就是临床前试验。

　　我发誓，我有一天一定会去进行这些研究的城市——雷恩一睹究竟。

人工胰腺很快会诞生？

根据世界卫生组织的报告，糖尿病已经席卷全球4.15亿人口，也就是总人口的1/11。而且由于我们生活方式的（灾难性）演变（越来越多的糖，越来越少的体育锻炼），细节更为惨烈：2040年将会有6.2亿糖尿病患者。

这是个费钱的疾病：每人每年的支出在6000欧左右，在全球层面上超过80亿欧，这还不包括那些由于缺乏诊断和跟踪治疗，糖尿病得不到重视的国家。

这是一个严重的疾病：仅仅法国就已有将近40 000人死于糖尿病。每年有8000例截肢手术，12 000例心肌梗塞新病例，4000例肾衰竭新病例（这些数字都是由前面提到的安娜-索菲·樊尚·卢恩戈的论文提供的，这真是一个宝藏）。

这种病是可以治疗的，我们已经看到了，但其疗法比较苛刻，对病患限制较多，直到最近，还是需要每天多次注射胰岛素。

如果说胰岛素是一个进步的话，病患却还是必须不断确认自己血液中的血糖水平。

所有这些都表明需要调动大量财政和脑力资源进行进一步研发。

有些糖尿病的原因是胰岛素产生不足，因此需要移植一个新的胰脏，或至少是要移植那些著名的产生胰岛素的（朗格汉斯）小岛。这一看起来简单的解决方法却遇到了重重困难：

1. 可移植的人类胰脏数量非常少；

2. 凑集足够的小岛至少需要用到3个胰腺；

3. 与所有异体移植有关的排异现象。

这就是MAILPAN项目的背景。

胰岛宏囊化（macroencapsulation d'îlots pancréatiques）。

它被称作"人工"胰腺是错误的，因为这个项目还涉及其他动物，包括我们的表亲——猪的合作。

人们以为合成胰岛素的到来就会把猪排除在外。但它们又回来了！

原理很简单。人们将这些小岛用薄膜胶囊化，避免排异现象，同时也便于它们吸收氧气和各种营养成分。

各种实验正在进行中。

其中之一特别有趣。5头糖尿病小型猪被植入薄膜包装的朗格汉斯小岛。这些小岛是从……老鼠身上采集的。直到此时，小型猪们一切都好。没有排异现象发生。它们的血糖水平也正常化了。

这是否意味着"新胰腺"可以普及化了？

唉，还得再耐心等等。小岛的长期存活还不能被保证。

猪对这一重大进步做出了，也即将做出一个双重贡献：它们是优选小白鼠，而且随时可以成为朗格汉斯小岛的无限供应者。

我们对猪的（热情）关注不应该掩盖真相。还存在其他"人工胰腺"，它们与动物世界毫无关系，而完全是化学和电子学的硕果。这些胰腺回应了相同的需求：使治疗自动化，方便病人的生活。

一种润滑剂

还是要感谢猪，尤其是一种从猪身上提取的物质，拯救了无数早产儿的生命。没有这种物质的话，他们就永远不会跨过生命头几天的那道坎。

当他们在预产期前两三个月，有时候甚至是4个月就从母亲的肚子里出来的时候，这些小不点儿（体重只有500克）的器官（看起来）已经形成，但离正常运行还早得很。

他们微小的肺部就处于这个状况。仅在法国，每年就有超过8000名早产儿罹患一种呼吸衰竭综合征（SDR）。要是不进行治疗的话，很快就会使婴儿死亡。

新生儿的第一声哭声启动了他的第一次吸气。这样吸入的空气被送往气管，然后是两个支气管（一个通往右肺，一个通往左肺），后者又会分叉成越来越细的小气管。所有这些分叉形成数百万花束状的肺泡。满载二氧化碳的血管和吸入的含氧空气就在此进行交换，而氧气则通过动脉，被心脏泵到全身。

这就是**呼吸**——生命的本质。

我们现在明白了肺泡的关键作用。因此，肺泡应当维持开放，在肺部四处铺开，才能完成它们的功能。假如肺泡萎缩或发育不良的话，它能为上述的气体交换提供多少场地呢？

然而，早产儿没有足够的时间来产生可以让自己的肺泡四处铺开，并维持扩张状态的润滑剂。所以，我们就得为他们提供这个名字很有趣的物质：表面活性剂（也许这是为了指出它是用来放松表面的）。这个物质就在……猪的肺部。

对猪的其他感恩

如果说我们懂得承认自己欠下的债的话，我们还应该就其他事向猪表达感激。

感谢你们的胰腺，以它为基础制造的粉末能促进某些食物的消化！

感谢*pyrogenium*，这种药来自猪的肌肉，在顺势疗法中被用于治疗急性感染（鼻炎、支气管炎、牙龈脓肿……）。

感谢明胶！这是一种从骨头中提取的物质，用处很多，包括生产包在药物外部的胶囊和其他糖果（包括哈瑞宝糖果[1]）。人们也使用明胶来生产活性敷料。它能像海绵一样吸收伤口的分泌物，并促进结疤。

感谢猪提供的无数其他药剂。但在批准任何药物应用在人类

1　哈瑞宝（Haribo）是著名的德国糖果品牌，旗下有著名的小熊糖。

身上之前，医药权威会对其进行一系列试验。是谁最常被用来当小白鼠？当然是我们的猪了。它们比猴子更容易获得，而且更少（一点也不）**受保护**。

肥肉颂

吃什么都危险！

长久以来，"肥肉"被认为是我们的主要敌人，因为它是动脉阻塞的元凶。比如说，当心脏动脉堵塞时，心肌因为缺血，就不能承担它作为泵的角色了。这就是心肌梗塞。

最近几年来，糖在有害成分榜单上后来居上。正如我们所知的，糖尿病正在全球肆虐。糖分摄入过多的话，就会变成脂肪，后者侵入我们的所有组织，包括动脉壁。

良好的健康首先取决于食品摄入的平衡和适量。我们既需要糖分，也需要脂肪。要知道我们的大脑是一个脂肪占比高的器官。

但如果有些脂肪与我们更亲近呢？脂肪王国是一片极其多样和复杂的丛林，我们得来一场小小的旅行。

在所有名字有点神秘，又有点叫人讨厌的脂肪酸（饱和脂肪酸、单不饱和脂肪酸、多不饱和脂肪酸、反式脂肪酸）中，我们集中关注动物和部分植物向我们慷慨提供的那一类。这一类脂肪酸被叫作**油酸**（*acide oléique*），来自拉丁语*oleum*，意思是"油"。另外，橄榄油包含72%的油酸。

和所有脂肪酸一样，油酸是我们身体的重要能量来源。此外，它还参与了所有其他关键功能。比如，它在荷尔蒙的生产、维生素的运输、细胞膜的形成及其保护等中，都发挥了作用。正是因此，它才能够参与心血管疾病的预防。

结论就是，"脂肪"并不一定"对心脏不好"。一切取决于脂肪的类型，以及各种脂肪之间的比例。在著名的"克里特食谱"[1]，也就是如让·费拉（Jean Ferrat）[2]的歌曲中所唱的"能让人活到百岁，甚至都不知道该用这年岁做什么"的食谱中，橄榄油——真正的浓缩油酸——占据了中心地位。

字典有时候会赘述："美味"被解释为"有味道"，"好滋味"的意思是"美味的品质"，油酸则是"好滋味的滋味"。

翻译过来就是说，我们已经离开了健康范畴，来到了**味道**的领地。

"脂肪"，脂肪中的油酸，就是**提供滋味**的物质。

满足消费者的要求，是生产商的工作："肥肉"越少的猪越

---

1 指来自希腊的克里特岛的食谱。这是典型的地中海饮食，以健康闻名。
2 让·费拉（1930—2010）是法国20世纪五六十年代著名的创作歌手，以擅长为诗歌谱曲和影射政治闻名。

好，最多的精肉（肌肉）对应最少的肥肉（已经成为毒药的同义词）。因此，他们便首选肥肉较少的品种，排在第一位的就是大白猪（Large White）。

因此，人们牺牲了好滋味，味道不再被考虑。

其他养猪人则做出了相反的选择，重新推出……错误地包含太多肥肉的品种。

比如比戈尔黑猪（Bigorre）或西班牙橡实猪（Bellota）并不满足于被一层厚实的肥肉包裹，它的整个肉质架构所呈现的就是**五花肉**形态，也就是说，被无数肥肉条穿过。

这些肥肉呈现出一种绸缎般光滑的白色，常常还会带些粉色。当温度达到能使它熔化的时候，它会释放出最浓的香气。这就是为什么有些餐厅会把火腿"瓣"放在"火山"上，也就是用蜡烛加热的锥形瓷器上。

别忘了本质！肥肉的质量首先取决于动物所吃的食物。食物越是天然、多样、丰富，尤其是秋天的时候，摄入了橡果的话，食客就越能饱餐到佳肴。要指出的是，它们每天所吃的草富含维生素E。这种维生素具有抗氧化功效，也正是它为肥肉染上了白色，使它免于发出哈喇味，帮助我们长期对抗动脉硬化。

要知道，这世上还存在一个"肥肉友好协会"（Amicale du Gras），由弗雷德里克·格拉瑟–埃尔梅（Frédérick Grasser-Hermé）领导。协会组织学者与美食家会面，还会就贡献程度颁发勋章。有些人甚至看重这一勋章胜过法国荣誉军团勋章！

发自内心感谢猪!

被叫作"心脏"的出色的泵是由肌肉、各种直径的令人惊叹的管道和4个调节血流的瓣膜组成的。

出于各种各样的原因,这些瓣膜的运行会发生故障。由于它们没有自我修复的能力,人们就会尝试将它们替换。

人工瓣膜可以是机械的(球形或板状)。它们会越来越结实,越来越安静,但一生要结合抗凝血治疗,避免血块的形成和血栓的风险。

后来,人们的思路进化到寻求"活"瓣膜。

1962年,伦敦,唐纳德·罗斯(Donald Ross)发明了该项技术:他从一名死者身上提取了主动脉瓣膜,然后把它移植到了一名病患身上。首创获得举世瞩目之后,移植体"银行"便逐渐开始成立,它们被存放在液氮中。其相较机械瓣膜的优势是,长期来看,不再需要抗凝血药物辅助治疗。缺点则是移植体不足，且质量下降很快。要知道，在法国，从尸体上提取器官一直是被禁止的。所以，只能等一颗心脏的不再跳动，但瓣膜仍然完好无损。

两位巴黎教授，让-保罗·比奈（Jean-Paul Binet）和阿兰·卡朋蒂埃（Alain Carpentier），决定向我们的朋友——猪——求援，主要为了回应移植体的长期缺乏。他们将一片猪的瓣膜套在一个环上，并将其用三个尖锥挑起。在这之前，他们先用戊二醛对瓣膜进行了处理，以避免出现任何排异现象。

这一实验取得了圆满成功（血流动力十足，没有出现血栓），大量生产因此成为可能。尴尬的是，法国对此并未产生兴趣，阿兰·卡朋蒂埃便与美国药厂爱德华兹（Edwards）合作，推出了"卡朋蒂埃-爱德华兹瓣膜"（1971年）。当然了，其他竞争对手的人工合成瓣膜也相继问世，原材料往往来自猪。这个人称TAVI（心脏瓣膜介入手术）的绝妙系统不断地更新升级，它能够让瓣膜通过股动脉直达心脏，无须打开胸廓。而年复一年，人们总是能找到弥补戊二醛的缺点——比如使组织柔韧度降低——的新方法。

猪很快将失去它们的"瓣膜垄断"权。

牛将伸出它的援手。卡朋蒂埃-爱德华兹二人组设计了一个以小牛的心包为原材料的瓣膜。

但猪还没把事情交代完呢。关于它的移植体优化仍然在进行。比如拿猪的主动脉根部和瓣膜来说，将其用聚酯盖住，用

α-氨基油酸处理，防止其钙化，手术材料用具就准备好了：美敦力**自由式**人工瓣膜可以投入使用了。

为了使这样的手术能够成功进行，首先要准备好选择一个完全相适应的移植体。而病患受体的瓣膜的孔洞大小可以在19—29毫米不等。还需要确保提供瓣膜的动物处在完全健康的状态。我们这就明白了，满足各种无情的细则条款的特殊饲养出现了。这一现象主要存在于美国、菲律宾和巴西。

今天，法国每年移植的大约20 000个心脏瓣膜中有80%是"有机的"，也就是来自动物，不是小牛（2/3），就是猪（剩下的1/3）。不少于……6000个瓣膜，也就是6000头牲畜被宰，好庞大的群体呐！

这些瓣膜被存放在特殊的橱柜中，离手术室不远，外科医生伸手就能拿到。动物身上的其他部分也在等候为人类的再生做贡献的时刻。

感谢**异种移植**，即跨物种移植，一个庞大的领域正在展开。

明天是嵌合体的天下？

一切始于一场邂逅，一颗精子与一颗卵子的邂逅。

受精卵形成了。先是一个细胞，然后在几小时、几天之后，一个变成了两个，然后又变成4个、8个、16个……直到变成32个一模一样的细胞，形成一个细胞团，就像一颗小桑葚：这就是胚胎。

之后，这些细胞将各自专攻具体器官的生产：肝脏、肾脏、大脑或肠道……但目前来说，在第5天和第7天之间，它们还拥有全部的可能性。胚胎取样就是在这个时候，因为它能变成**各种样子**，任何器官，任何组织……出于这个原因，人们把这一性质叫作**发育多能性**。

这就是**干细胞**，是后来所有细胞的大家长。

如我们所知，随着医学进步（和人口老龄化），移植需求成倍增长，同时将会越来越缺乏可用器官。

叫嵌合体来帮忙吧。

什么是嵌合体？这是一种来自两个**不同物种**个体的活组织。

将黑老鼠的多能细胞注射到白老鼠的胚胎中，就可以获得双色老鼠。

怎样制造嵌合体？

举个更靠谱的例子，那就是肝脏。

假设有一枚母猪的受精卵。我们在第5和第7天取样，也就是在之前描述的细胞展开专业化分工之前取样。在那之前，我们会对这枚受精卵进行基因处理，抑制其生产肝脏的能力。我们向其注射人类受精卵的多能干细胞。然后，（母猪的）受精卵就被安置到母猪（母体）体内。

这些人类细胞在被基因改良的母猪受精卵中将自由自在地变成一颗人类肝脏，因为相应的生产猪肝的细胞的能力已被弱化。**人类肝脏便在母猪孕育的胚胎中成长。**当小猪达到预计的体形时，我们就将它牺牲，把它的肝脏移植到等待肝源的（人类）病患体内。

所以，嵌合体万岁！

它们会不会成为工厂，工业化地生产各种必需的器官？

有一个问题悬而未决：被用于此目的的**人类胚胎的干细胞被摧毁**了。它们原本是被冷冻起来，用于医学辅助生殖计划的，但最终没有被它们的父母用到。我们很清楚，这样的做法是受到伦理道德谴责的，法律也会对此进行干涉。

因此，创造其他干细胞的研究开展了起来。

2012年，山中伸弥教授（京都大学）因展示了通过普通的肌肉或皮肤细胞创造多能干细胞的可能性而荣获诺贝尔奖。人们将后者称作IPS（Induced Pluripotent Stem cells，诱导性多能干细胞）。为此，要从一个人身上取出一小块肌肉或一小片皮肤，将组成后者的**专业化细胞**，再**重新基因编辑**成**多能细胞**。换句话说，这就使它们获得成为任何器官的能力。正如在前文所描述的过程那样，接下来只需将它们植入母猪受精卵。

值得注意的是，排异现象也因此得以避免，因为母猪胚胎在其发育过程之初就融入了人类细胞。

人类与**动物**之间的界限再一次受到了挑战。如果说许多上了年纪的人已经开始装假体（各种材质的膝盖、髋骨、心脏起搏器），如果说他们的存活已经是多亏了动物的身体（比如心脏瓣膜），他们就应该准备好在不久以后，迎接**与动物一起制造**的器官，排在第一位的动物就是猪。

四

生灵世界之旅

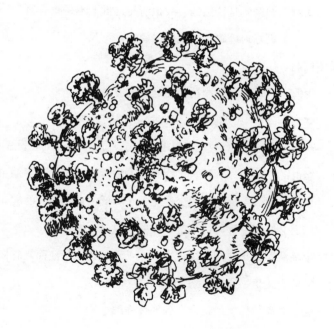

我对猪的偏爱是徒然的，我很清楚这世上不是只有猪。

　　而为了更好地理解猪，我们得熟悉并不只为他们所有的某些具体机制。

　　因此，我们现在要溜达到更远的地方去。

　　欢迎来到DNA和它的兄弟RNA的国度。

　　欢迎与流感邂逅，我肯定您并不知道，流感病毒是如此爱流浪。

　　您也将了解到，病毒是如何从一个物种转移到另一个物种上的。

　　您会发现，野生动物的交易能带来不低于毒品交易的利润。

　　您还会结识一种可谓足智多谋的飞虫。

　　生灵从不静止在同一个地方，它不停地在旅行。而当它停下时，它就会发生一连串变态反应。

　　全球大流行病就是这样在各地传播的。

　　这些病可没有等到我们发明了旅游才出现。

共同的机制

第一场生灵世界的旅行是一场认识生灵的旅行。

1635年，罗伯特·胡克（Robert Hooke）生于英国怀特岛，是个达·芬奇式的人物。他在物理、机械、钟表领域不断有新发现。感谢他发明的胡克式显微镜，对自然界的观察因此发生了巨大变革。在他的《显微图谱》（*Micrographia*，1665年）一书中，他证实了一片薄薄的软木是由"小匣子"堆积组成的，他把这些"匣子"叫作**细胞**。

同时，荷兰的安东尼·范·列文虎克（Antoine Van Leeuwenhoek）也制造了他的显微镜。全新的世界突然打开了：红细胞、精子、草履虫和细菌……

直到1837年，德国人西奥多·施旺（Theodor Schwann）才将这些发现进行综合："一切生命体（植物或动物）都是由细胞和从细胞中产生的物质构成的。"这一**细胞理论**敲响了一些对生命的"神奇"解释——诸如"生机论"和"自然发生论"等的丧钟。也在是施旺贡献了新陈代谢（métabolisme）这个概念，即"一个生灵体内的所有化学反应的集合，使其能够维持生命，繁衍，生长和回应对其环境的刺激"。这个词是从希腊语*metablè*演变而来的，后者的意思是"改变"和"蜕变"。因此，生命是一项持久的工程，与人人口中的"永恒的安息"——死亡——截然相反。

现在让我们去往瑞士巴塞尔这个美丽的城市。1869年，一个年轻的医生，弗雷德里希·米歇尔（Friedrich Miescher）在从敷料上采集白血球时，发现白细胞核中含有一种富含磷酸盐的未知物质。他将其称为**核蛋白**（nucléine），并指出它还存在于其他细胞中，包括鱼类和菌菇类。

这方面的认识在继续进步。1929年，核蛋白吐露了它的秘密。首先是它传递遗传特征的能力。事实上，存在两种核蛋白。第一种包含一种糖，名叫核糖；因此，我们把它称为RNA：核糖核酸。第二种包含另一种糖——脱氧核糖；因此，它被称为DNA：脱氧核糖核酸。

一切已经就位，我们可以开始解释所有生物，包括动物、植物、菌类、细菌、原核细菌（无核单细胞微生物）和单细胞生物（有核单细胞或多细胞微生物）在内的生命的化学基础了。

很久很久以前，有一个细胞。

很久很久以前，有一个DNA。

DNA的分子是以一条极长的由微小单位组成的链条形式呈

现的，每个单位都包含糖、磷和氮。这些单位（核苷酸）根据一个明确的指令排成序列，每个序列形成一个基因，每个基因包含指令（编码），从而生产蛋白。蛋白集合在一起，就组成了身体的一砖一瓦。基因的总和组成基因组，即遗传基因。换句话说，就是机体建设的全部方案。人体也是这样建造的，并通过将近30 000个基因"运行"。

还需要把方案传递给负责生产蛋白质的工厂。这一工厂就位于细胞内，但在细胞核外。然而，DNA太"大"了，出不了细胞核。方案（也就是遗传基因）就将被转译成RNA，也就是信使。因为正是这位小信使将成功通过一些小孔钻出细胞核，把方案传到工厂，让工厂找到它合适的用武之地的。就这样，蛋白质被一个接着一个地制造出来，砌成一切生灵。

细胞不停地分裂。首先是为了使器官长大，完善，然后更新。

在这些永恒不断的分裂过程中，遗传基因，也就是机体的建设方案是不能丢失的。极长的DNA分子自我折叠，扭曲，缠绕，直到形成柴捆状。每个人身上都有23对"柴捆"，这就是染色体：一些来自父亲，剩下的来自母亲。每一个新细胞都会收到整套染色体。于是，所有生产指令都会继续通过信使传递到工厂。

当然了，物种间的差异众多。

当然了，整套流程比上述总结要复杂得多。

关于这些事，已经有几百本书详细地解释过了。第一本书就是《圣经》，请见弗朗索瓦·雅各布（François Jacob）《生命的逻辑》(*La Logique du vivant*)。

但回顾一下这些共同的机制总不是件坏事。

要知道，我们所有生灵，无论是植物还是动物，都服从相同的法则，我们每个物种都顺着同一条历史长河流动，只以它为基准而存在。这个**统一**的发现能够抚慰人心。也许是因为它教我们学会谦卑？在其位，履其职。

大旅行者

流感不会停留。

它永不停歇地传播。

在时间中，在空间内，在生灵的宇宙里穿梭。因为刚在一个物种身上驻足，它便马不停蹄地跳到另一个物种身上。

它与我们始终如影随形。出于这个原因，讲述流感史，就是讲述我们的脆弱。流感病学专家也是我们的历史学家。我请大家阅读或听其中一位，让–克洛德·马努盖拉（Jean-Claude Manuguerra）的书。他是兽医、病毒学家、巴斯德研究所紧急生物介入部门负责人[1]。

---

1 尤其参考《新兴病毒：艾滋病、非典型性肺炎、埃博拉、禽流感……》（*Les Virus émergents: Sida, SRAS, Ebola, grippe aviaire...*），与安托万·杰散（Antoine Gessain）合著，法兰西大学出版社（PUF），"我知道什么？"（que sais-je?）系列，2006年。——作者注

一切起源于上古时期，因为后来被我们命名为grippe（流感），在法国以外的地方被称为influenza的一系列症状是已知的最古老的疾病之一。

2400年之前，被视为医学之父的希腊医生希波克拉底（约前460—约前377）描述并书面记录了他所在的时代的各种流行病。这本书流传至今。

在这本册子中，他为每一个检查过的病人建立了一个档案，并以惊人的细致和条理性描述了他们的症状和每天的病情进展。

公元前412年，一场瘟疫在希腊北部肆虐。希波克根底在瘟疫中观察到的症状（咳嗽、发热、迟钝、肌肉疼痛、肺炎……）像极了流感的症状。

还要补充的是，正是这位非凡的医生为快速而广泛地在同一地区的人口中传播的疾病赋予了"流行性疾病"的地位（épidémie一词来自希腊语epi，"在……上"，和demos，"人口"；所以épidémie的意思就是"在人口中传播"的恶）。

这句著名的话也是出自他之口："说出过去，理解现在，预言未来。"

瘟疫是中世纪历史的节点，有些瘟疫的征兆让人想到"流感"。但是，由于疾病分类学不完善，也就是缺乏根据不同特征对疾病进行归类的手段，我们并不能确定是否所有瘟疫都是流感造成的。

要等到1580年，第一场几乎横扫欧洲的大流行病出现，一些名医才最终能根据一些具体的标准，毫无疑义地描述这场瘟疫。

从此，人们懂得了要先对疾病进行诊断，然后将其与其他疾病区分，比如和百日咳区分。

之后的几个世纪里，还出现过其他瘟疫，这些具体标准每次都得到了验证。

根据《利特雷词典》，法语在18世纪才将这个疾病定名为grippe（流感）。该词来自古老的动词gripper，意思是用爪子抓住。比如说，gripper（抓住）一个小偷的衣领。也可以这样说：一个被他的美丽情人"抓住"的恋人。

谜团仍然存在。这些不断肆虐于各国人口之间的疾病究竟起源于哪里？是否应当认为这些疾病与黑死病一样，是上帝的惩罚？

1833年，克里斯蒂安·哥特弗利特·埃伦贝格（Christian Gottfried Ehrenberg）提出对"微生物"进行分类。是他将棍状微生物命名为"细菌"（bactérie，希腊语中的bacteria指的是"走路的拐棍"）的。

感谢光学仪器的进步，使我们能把前人所描述的微型生物看得越来越清楚，并且还能看到新的生物。它们是否就是传染性疾病的源头？这一论点颇有市场，但从来没有得到证明。

1857年，情况得到了改观。路易·巴斯德在那年展示了酵母所代表的活菌与酒精发酵过程之间的因果联系。多年以后，巴斯德还是会提起他早年的研究："人类医学和兽医学一样，在这些新成果中看到了光明。"他运用无比严谨的方法取得了发现并对其进行展示，受此鼓舞，他逐渐扩展了他对定期肆虐于养殖动物群的疾病的研究（蚕病、绵羊的炭疽病、鸡霍乱、猪丹毒……），并从1877年就开始研究人类传染病（白喉、狂犬病……）。

一门新科学诞生了：微生物学。

其他科学家也在进行类似的研究。但法国的巴斯德，德国的罗伯特·科赫（Robert Koch）依然是先驱，特别是为了找到肺结核传播的主要中介，他们展开了一场激烈的竞争。

1889年冬初，一场大瘟疫席卷世界。因为它源自俄国中部，所以被命名为俄国流感，并一个接着一个地征服了五大洲四大洋，总共造成了……100万人的死亡。当时的人在患者的喉咙分泌物里寻找导致疾病的微生物。结果居然找到了！但有点多了——有肺炎球菌，有链球菌，而它们在其他疾病中也存在。

1892年，科赫的学生，德国人理查德·菲佛（Richard Pfeiffer）从流感病患身上分离出一种杆菌。他将其命名为bacillus influenzae（流感杆菌），或菲佛氏杆菌。

"菲佛氏杆菌"理论并没有征服所有人。的确，人们只在流感重症患者的分泌物里才能找到它，而轻症患者身上却没有……而且这种杆菌在其他耳鼻喉疾病中也出现了……甚至健康人群也会携带。不过，当兔子被注射了这种杆菌后，就会病倒。

从这些不能自洽的理论中，诞生了一种假设，即还存在比

"微型生物"更小的生物，在最新的显微镜下都看不到的生物。巴斯德怀疑存在这样的生物，因而提出"次细菌"（infrabactéries）的概念。

1898年，荷兰植物学家和微生物学家，病毒学创始人之一马丁努斯·威廉·拜耶林克（Martinus W. Beijerink）开发出了极细的筛子。以前使用的筛子只能留住细菌，但人们已经猜到还有更小的微生物能穿透筛子的缝隙，逃过人的肉眼和认知范围。拜耶林克当时在研究一种名叫烟草镶嵌的病，因为它会导致植物的叶片颜色斑驳。这种病对苏里南的种植园造成了严重危害。将一片被感染的烟叶的汁液稀释，并注入一株健康的植物，就能传播该疾病。他再将被因此感染的植物的汁液依照此法注入第三株植物，依此类推，汁液的毒性却丝毫未减退。由于存在于汁液中的感染传播中介在任何显微镜下都无法找到，因此它显然要小于细菌，且无法自我复制。拜耶林克以virus（病毒）命名了他的发现。

这就是为何在"次细菌"说法出现的同时，滤过性病毒（virus filtrants）或极滤过性病毒（virus ultrafiltrants）也被提出。

这段烟草的历史展示了**生命的统一性**。无论我们是住在植物的躯壳里，还是身披动物的皮毛，病毒的传播和生灵的感染机制总是相似的。

要知道，巴斯德在那之前，在从未见过病毒的情况下，已经利用病兔的脊髓研磨物制造出了狂犬病毒（该病毒只有在电子显微镜下才能被看到，而随着光学仪器的发展，烟草镶嵌病毒直到

1939年才被看到）。

1918年春天，当那场最血腥的战争已持续4年时，突然之间，另一场灾难——健康灾难——用恐惧席卷全球。

流感再次来袭。

以前所未有之势。

这场流感虽然被称为西班牙流感，但却与西班牙毫无关系，而且也不是从西班牙开始的。但由于这个国家并未参加第一次世界大战，因此并未尝试遮掩灾难；而其他欧洲国家正相反，正恬不知耻地强行进行言论审查，以达到掩盖死亡数据、防止战士和平民丧气的目的。怎样才能让他们明白，正是这些刚刚登陆法国的美国军队带来了这场灾祸？

目前的共识是，一切起源于美国堪萨斯州的军营，第一个流感病例于1918年3月4日被正式记录了下来。很快，病毒挟雷霆万钧之势横扫整个北美，然后随美军坐船来到了正在打仗的欧洲。虽然传染性极强，但第一波流感却还算温和，并不比普通流感的杀伤力更大。这一波尤其对正在战场上的军队、驻军和战壕中的士兵造成了打击，且偏爱20—40岁的年轻人，特别是30岁左右的，却饶过了老年人。

第一波流感过去两个月之后，也就是1918年秋天，第二波流感重又抬头，还是首先在美国出现，并以排山倒海之势席卷地球。这一波流感是无情的。在4个月的时间里，它随着满载患病水兵的船只跨越大洋，抵达遥远的殖民地，在各大洲无差别地进行可怕的大屠杀。没有人能幸免：士兵、平民、年轻人和老年人，即使老年人奇迹般地抵抗住了1918年春天的第一场侵袭。

这两个月中到底发生了什么，让流感"天性"大变？这两个月中到底发生了什么，让这场流感成为史上最致命的一场？要知道为什么，要等到24年之后，新的基因组研发技术的出现。

在流感大流行期间，医生与科学家不懈地工作。1918年10月4日，夏尔·尼科勒（Charles Nicolle），未来的诺贝尔医学奖获得者，和他的合作者夏尔·勒巴伊（Charles Lebailly）在法兰西科学院的会议上介绍了他们的研究并总结道："西班牙流感的病原体是一种过滤性病毒。"没有筛子能兜住它，也无法用显微镜看到它，而且无论用什么营养液都无法培养它。

1919年春天，疫情退潮，流感的消失就像它的出现一样迅速。

接下来的几年中，流感重新以季节性周期出现，通常比较温和，死亡率很低。

其病原体始终无迹可寻。（菲佛的杆菌假设最终没有成立。）

西班牙流感不仅在人类中流行，过了一小段时间后也影响到了猪。这让当时的研究者认为，两者之间可能有关联。

1931年，美国病毒学家罗伯特·肖普（Robert Shope）在研究一场摧毁了他所在的艾奥瓦州的养猪业的流感时，第一次从猪身上分离出流感病毒。为此，他提取了病猪鼻腔和肺部的黏液，并使用了自己制造的极细筛子，将获得的滤液滴入健康的猪的鼻腔内，后者随后便得病了。他因此发现了猪流感的病原因子。

1933年，一场人类流感在伦敦蔓延。

国家医药研究所中，三位英国细菌学家组成的团队正在研究卡雷病（犬瘟热），一种对幼犬和白鼬致命的疾病。此时，三人中的一人染上了流感。威廉·史密斯（William Smith）想到了从他患病的同事的咽喉中提取黏液，并参照肖普之前在猪身上进行实验的方法进行后续操作。他先过滤黏液，再将滤液注射进实验室豢养的动物之一——白鼬体内。一只白鼬得病之后，又传染了第二只，然后第二只传染了第三只，症状始终不曾减轻。动物能当人类之间传播的流感病毒的宿主，并任凭其自我复制，这件事证据确凿，而且也解释了为何毒性并不会随着被感染个体数量的增多而消减。

有一则小故事。在同一个实验室中，一位研究者被他自己的白鼬的喷嚏传染了流感，这证实了病毒能够通过动物传人。

现在是1933年，如果说人类流感病毒总算被成功分离的话，离肉眼看到它还有距离。

您将在本书结尾找到在即将登场的冒险故事中亮相的所有人物的名字。感谢他们！

说真的，还有什么比一项科学发现的过程更生动的旅程呢？

20世纪80年代末，一位病理学医生杰夫瑞·陶本伯格（Jeffery Taubenberger）加入了位于华盛顿附近的武装部队病理学研究所（AEIP），为了应用分子生物学的最新发现，尤其是PCR

技术（聚合酶链式反应）。PCR使我们能够复制上千万次（今天已经达到了10亿次！）再小不过的DNA片段，这在已经腐烂的，或年代久远的人类躯体中本来是无法探测的。RT-PCR（反转录-聚合酶链反应）技术使我们能够以相同方式，在将RNA复制成DNA之后，探测到一个很小的RNA片段。在咽喉中寻找SARS-CoV-2病毒的技术就来源于此。

1991年，杰夫瑞·陶本伯格首先成功识别了使海豚在美国沿海大量死亡的病毒。

当他准备将RT-PCR技术的使用范围扩展到人类疾病上时，他利用了武装部队病理学研究所的军队仓库，那里用石蜡保存着数百万来自病死的士兵的身体组织取样，而最早的样本要追溯到南北战争（1861—1865年）。

尽管陶本伯格对流感病毒并不抱有特别的兴趣，他还是选择了一个于1918年9月17日感染西班牙流感，并于当月26日死亡的年轻士兵作为样本。历史将记住他的名字：罗斯科·沃恩（Roscoe Vaughan）。

1997年3月，陶本伯格与他的团队在《科学》杂志上宣布，他们在可怜的罗斯科的尸体上只找到了15%的病毒基因组。

一位72岁，名叫约翰·胡尔廷（Johan Hultin）的病理学家在退休后仍然阅读《科学》。他在看到这篇文章后，思绪飘到了半个世纪之前。

1951年，胡尔廷选择了1918年的流感病毒作为他的医学博士论文课题，当然了，他的雄心是能够成功分离出该病毒。他来到了阿拉斯加州的一个名叫布瑞维格米申（Brevig Mission）的村庄。在那里，80名因纽特人中的72名死于西班牙流感，并被葬在了北极圈的永冻土下。他得到了挖掘这些保存完好的尸体的许可，但并没有找到病毒。

46年之后，他联系了陶本伯格，向后者讲述了他的故事并提议自费（3200美元）再去一次布瑞维格米申，把埋在阿拉斯加的冻土下的因纽特人样本带回来。

他先坐飞机到了安克拉治（Anchorage），然后又换了一班飞机来到诺姆（Nome）。

诺姆：世界的尽头，不可思议的码头，北纬66°30'，3645个居民。

诺姆：伦敦刊印的地图出了错。他们本来想过一段时间再给这个白令海的失落海岸命名。于是，No Name（无名）这两个字被潦草地写成了Nome（诺姆）。

诺姆：请允许我插入这段话，诺姆对我非常珍贵。我曾为了逃离一段失落的爱而远赴此地。前面已无路可走：从这里就开始有大浮冰了。某个暴风雨的天气里，一个短小的讯息中的五个字让我重获生机。

让我们回到流感上来吧。

约翰·胡尔廷再次找到了布瑞维格米申。二度获得村委会的许可之后，他直奔墓地，花了5天时间开挖冻土，最终挖掘出了一名同样死于1918年流感的年轻女人。他暂时给她取名为露西。露西的优点是肥胖，这将很好地保护她的肺部不受尸体分解的影响，从而保留病毒。他提取了左右双肺中的病毒，并把它们带给了陶本伯格。

10天之后，一通电话：成了！感谢您！ 1918年的病毒确实存在于露西体内，而其遗传物质质量上佳，使研究工作完全可行。

不久之后，陶本伯格收到了来自4名美国和英国士兵的身体组织。一切都朝着同一个方向发展。

1999年，1918年流感病毒的基因组终于被破解。

Influenza的面目，grippe病毒

流感病毒分为三型：A，B，C。[1]

季节性流感由A型和B型病毒引起。

只有A型流感病毒才引发过世界性大流感。

A型流感病毒只在电子显微镜下才能被看到，其形状是竖着细针（血凝素HA）和小蘑菇（神经氨酸酶N）的球形。

球体内部包含病毒的基因组，即其遗传物质，后者以RNA组成，相当于我们的DNA。

细针使病毒能够吸附在其要感染的细胞上。

小蘑菇（神经氨酸酶N）用来将新生产的病毒从细胞上剥离。

存在17种H和11种N，不同的组合对应不同的毒株。比如说，我们把从1918年的西班牙流感中破解出来的年代最久远的

---

1 我国国内分别称为甲型、乙型、丙型流感病毒，近年来发现的流感病毒被归为丁型（D型）流感病毒。

病毒叫作A（H1N1），因为这是A型流感病毒，其表面带有1型（H1）血凝素和1型（N1）神经氨酸酶。

人类携带的流感病毒毒株主要是H1N1和H3N2。H5N1是禽类流感。

新特洛伊木马

A型流感病毒通过空气传播。病人通过咳嗽、打喷嚏，或近距离说话，向空气中释放充满病毒的唾液。病人也能通过双手传播病毒。如果手上沾有病毒，就会污染所有接触的物品。

病毒一旦被吸入，或通过沾有病毒的手进入口中、眼睛或鼻腔，就会长驱直入进入咽喉、气管、支气管和细支气管。

呼吸道内部从鼻腔到最细小的支气管都布满透明的黏液。这种黏液所扮演的角色是在我们吸入空气的同时阻挡同时进入的秽物：灰尘、有害微生物、污染颗粒……这一保护性黏液附着在一层镶了绒毛的细胞毯上。绒毛就像数亿把小扫帚，将被吞入的脏黏液扫到喉咙口。

但流感病毒的表面却布满这些众所周知的细针，也就是血凝素。病毒能够通过它畅通无阻地进入黏液，直达其目标，即呼吸器官的细胞，后者的表面包含着一层物质，令病毒无法抗拒，即糖分。

经受病毒侵袭的细胞膜会变形，然后一点一点将其吞噬。病毒就像特洛伊木马一般，带着全副武装进入细胞内部。然后，它便释放出自己的8个基因，并将其注入细胞核，将整个细胞结构据为己用。

被欺骗的细胞混淆了自己的RNA和病毒的RNA，将执行后者的命令。它把自己所有的工厂和所有的繁殖手段都献给了病毒，开始制造血凝素、神经氨酸酶和其他能够装配一个新病毒的蛋白的分子。细胞顺从地复制着，无限复制着病毒RNA的片段，从而生产成千上万的新病毒。

每个产出的病毒通过形似蘑菇的蛋白，也就是神经氨酸酶，从细胞上剥落，然后出发去攻击呼吸系统的新细胞。

跨越障碍

从我开始写这本书起，有一个调子就没离开过我的思绪，这是一个来自我的童年的恼人老调，而我却记不起歌词了。某个清晨，一头小兽，更确切地说是一只白鼬来敲打了我的窗户。我为它打开了门，跟着进来的是那话语，讲述了我正在书写的整段历史的话语：

> 白鼬跑呀跑，
>
> 女士们，是林中的白鼬，
>
> 白鼬跑呀跑，
>
> 美丽森林的白鼬，
>
> 它刚经过此地，
>
> 又将去往那里。

我感谢了我的童年和白鼬，然后开始工作。

四分之一的人类疾病要归责于病毒（其他凶手包括细菌、霉菌和寄生虫）。

大部分病毒由动物传播。这就是我们所说的人畜共有病毒。

水生野鸟（比如说鹅和鸭子）和蝙蝠一样，天生拥有能让病毒存于体内，却不影响自身健康的免疫系统的能力。于是，水生野鸟就成了流感病毒的基因多样性大仓库。我们已经在它们身上找到了至少17种不同的血凝素和10种神经氨酸酶。在这些鸟身上，各种病毒将通过鸟嘴进入其体内，附着在肠道细胞上。这就意味着它们将存在于受感染的鸟类粪便中。

我们马上就能明白感染方式。比如说从野鸭到家养鸭，当前者靠近农场时（或者农场扩大到野鸭生活区域），病毒的入驻就将变得十分容易，因为这是同物种间的传播。另外，野鸟的迁徙习惯也让它们不断从世界的一头飞向另一头，并在这过程中携带一些"隐形乘客"，使后者能够接触到不同宿主，有时甚至是意想不到的宿主，包括农场的家禽和远方的其他动物。您知道鲸鱼和海豹和我们一样，因为免疫系统并不具有和野鸟相同的防御能力，所以也会感染流感吗？

无论如何，病毒从一个物种传到另一个物种，比如从禽类病毒库到人类，并不是简单的事。大自然预先设计了物种之间的屏障，使有些病毒永远无法越过，因为它们无法适应在另一个物种体内自我复制。于是，麻疹病毒永远是人类病毒，而口蹄疫则一直是动物病毒。

有些病毒也会尝试跨越屏障，虽然均告流产：某些病毒成功进入人类细胞，但其复制却并不充分。所以人与人之间的传递便沦为不可能。

还有些病毒更成功地自我复制，能够在人与人之间进行一定程度的传播（比如中东呼吸综合征病毒）。最后，我们真倒霉：某些病毒能够高效地在人类身上复制，并在人与人之间传播，制造瘟疫（季节性流感，埃博拉出血热……），甚至造成世界性大流行病（比如艾滋病病毒HIV）。

总体来说，没有人喜欢被侵袭。当病毒侵入新宿主的细胞时，它会立即受到一些分子的攻击，后者会不遗余力地阻止病毒的复制。病毒会尝试挫败这些攻击。于是，"足智多谋"的病毒便一边"变异"，一边在细胞内部自我复制，换句话说，它完全变了一副样貌，这可是在最古老的神话中就存在的著名武器。我们早已习惯了对有罪的丈夫的"我变了"之类的陈词滥调的控诉。在某个时刻，妻子或细胞会懒于抵抗，打开（或再次打开）大门。噩梦便（重新）开始。

病毒直接进入人体的情况是很罕见的。最常发生的状况是通过一个中间宿主。猪就是理想的中间宿主。在被来自人类或禽类的病毒感染后，猪会将病毒重新组合，并再次传播，尤其是向人类传播。

多亏了分子生物学和基因组学的革命，"追踪"流感病毒在这一个世纪以来的走向成为可能。

一场瘟疫可能始于一个病毒新毒株成功感染人体，且人与人之间能互相传染。

新病毒可能来自某次变异或两种病毒的基因重组，或来自不同物种的病毒的重组，因为基因组的修改能够让病毒突破物种间存在的免疫屏障（野鸟、猪、人）。

我们已经看到，新病毒每次都比已经变成季节性病毒的前任要来得凶涌，并且更容易人传人：因为这是新病毒，所以没有人有抗体能将其拒之门外。

三场世界性瘟疫接连为20世纪蒙上了阴影。

1918年到1919年之间，源于A型病毒（H1N1）的西班牙流感一直是，并且这场瘟疫的致命性远超史上其他瘟疫（1918年秋天，病毒变异后的第二波疫情造成了至少5000万人死亡）。今天，我们明白为何流感病毒是继艾滋病毒之后被研究得最多的病毒。因为对它的回归的恐惧一直还悬在我们心头。

这场世界性瘟疫结束之后的40年间，流感仍在以季节性流行的方式继续传播，直到1957—1958年，一场新的全球性瘟疫再次降临。

亚洲流感出现于1957年，起源于在野鸭身上发生变异之后传到人类身上的禽流感。这一新的A型病毒（H2N2）造成了超过100万人的死亡，然后便成为季节性感冒，取代了H1N1。

10年之后，又一场瘟疫于1968年爆发。它被叫作香港流感，其A型病毒（H3N2）是前任病毒的重组。随着季节变换，它在32年间相继造成了大约100万人的死亡。

2009年，又出现了**墨西哥流感**。其病毒是一种新的A型病毒（H1N1），这一次是猪、鸟和人身上的病毒的三重混合。其重组应该是先在猪身上发生，然后再传到了人身上。这场世界性大流行病总体来说并不太致命，于2010年8月偃旗息鼓。A型病毒（H3N2）出局。

上述这一A型病毒（H1N1）便独自继续着它的季节性旅程。

等待着下一场流感的到来……

白鼬跑呀跑，

它刚经过此地，

又将去往那里。

其他连环杀手也是旅行家

蚊子在哪里？

到处都是！

即使它们的"自主"飞行范围不超过半公里，它们还是跨越了所有距离，适应了所有温度，从而一点一点侵占了我们星球的所有角落，甚至在南北极也留下身影。

直到现代[1]，两大主要蚊科还没有发生交集。它们各自生活在自己的大陆上：

埃及斑蚊（aegypti）生活在非洲，正如其名字所显示的那样。

白纹伊蚊（albopictus）生活在亚洲。

然后，人们大量开始旅行。我们的"全球化"付诸实施，蚊

---

1 法文语境中所谓"现代"（époque moderne）指的是从地理大发现（15世纪末开始）到法国大革命时期（18世纪末）。

子的全球化也接踵而至。

埃及斑蚊就是一个例子，它很可能乘着贩卖黑奴的船只穿越了大西洋。

别忘了，蚊子并不能飞到半公里以外的地方，而且也活不了很久，寿命短于1个月。需要好几周和完全的自主飞行才能到达大洋的另一头。它们是怎么成功在这场长时间迁徙中存活下来的？

对此提出了两种解释。

我们知道的是第一种。虫卵在风干之后，还能够活上将近1年，一旦环境有些潮湿就能重生。

第二种解释也说得过去。船上的蚊子是有食物供应的：雌蚊的喙所及之处有的是鲜血供应。水兵的血能够养育它们的卵，后者能在船上的积水处找到理想的环境，蜕变成幼虫。幼虫的成长周期也能在越洋期间圆满。

要知道，它们身上所携带的寄生虫也搭上了便车，分享着这些长途旅行。寄生虫不只是享受着宿主所提供的庇身之所，也是后者的秘密乘客。

在北美的棉花种植园，在加勒比地区和巴西的甘蔗田下船后，埃及斑蚊便适应了各种不同的环境。白纹伊蚊在晚些时候才离开了它们的发源地亚洲，很可能是在20世纪80年代左右，随着一些旧轮胎库存抵达美国南部某地，得克萨斯州或新墨西哥州的。

说真的，蚊子堪称人的分身，影子，完美的模仿者。

蚊子参与了我们这颗星球的所有主要演变。

"人类，你们全球化了？没问题，"蚊子回答，"和你们一样，我也会乘船或乘飞机。"

"人类，你们已经决定城市化了？好主意！"蚊子掩饰不住自己的满意之色，"我们从来不敢想象这样的天堂，同一个地方聚集这么多血宴！"

"人类活动造成气候变暖？再次感谢！"蚊子说道，"我们以前可不敢相信有这样的好运。你们别忘了，我们蚊子是热带之子。而且比起炎热，我们更爱潮湿。好吧，亲爱的人类，如果你们的星球的所有地区都变成热带地区，我们就能把你们的家处处变成我们的家了。想想看，长久以来，一个幻想一直萦绕在我们中的雌性的脑海中，那就是叮咬因纽特人，切尔克斯人，或巴塔哥尼亚人，改善一下自己的伙食。"

夏尔·尼科勒的近况（谢谢重听！）

夏尔·尼科勒于1866年9月21日生于鲁昂，在巴黎读了医科，并在完成了关于梅毒的博士论文（《软下疳研究》）之后，回到了他的出生地行医。但他的听力在他刚满30岁时就逐渐开始下降了。当听得越来越不清楚时，怎样才能听诊心脏和肺部呢？这一残疾对他来说固然残酷，但却迫使他转向了学术研究，并在该领域大展拳脚。

1903年，他来到突尼斯市接替阿德里安·卢瓦尔（Adrien Loir）[1]，执掌巴斯德研究所。在这个港口城市，汇合的不只是所有地中海人口，还有……他们运送的所有细菌。再没有比这里更适合观察大量疾病的传播和发展路径的了：利什曼病、疟疾、沙眼、弓形虫……尼科勒与自己的团队将发现，斑疹伤寒的传播

---

1 这个卢瓦尔真是个人物！他不仅魅力十足，也是公认的研究者，还是摄影家、人种学家……请读《巴斯德的外甥》〔阿妮克·佩罗（Annick Perrot）和马克西姆·施瓦茨（Maxime Schwartz），Odile Jacob 出版社，2020年〕。——作者注

媒介是虱子。1928年，他因这一重大发现而被授予诺贝尔医学奖。他还对传染病进行了更宏观的思考，并将传染病的命运写入1930年出版的一本富有预言性的书里。

2020年3月12日，在新冠肺炎全球大流行的当口，菲利普·桑索内蒂（Philippe Sansonetti）教授选择引用夏尔·尼科勒的书来开启他在法兰西公学的讲座：

> 未来会出现新的疾病。这是注定的事实。另一个注定的事实是，我们永远无法追溯到它们的源头。当我们对这些疾病有了概念时，它们早已完全形成，可以说是已经步入成年了。它们就像雅典娜手持盾牌从宙斯的脑袋里出生一样，全副武装地诞生于世。我们该怎样识别这些新疾病呢？怎样在它们披上各种症状的外衣之前就怀疑它们已经存在？我们只得甘心于对最初的症状明显的病例的一无所知。这些病例会被误解，与已知疾病混淆，只有在长时间的试探之后，人们才能从已被分类的疾病中推导出新的病理类型。

完整品尝世界的生灵之味

在所有生灵之旅中，可别忘了这些并未覆盖多少公里，却更深入一些谜题，并给我们提供了一些新风景的线路。

我知道为何2013年5月30日会让我想到1872年10月2日，菲莱亚斯·福格（Phileas Fogg）在"改革俱乐部"下的疯狂赌注：在80天内环游地球一周。

140年后，我开启了另一段旅程。在塞纳河的某一段河岸上，也就是法兰西学术院所在的河岸，眼科医生伊夫·布利康（Yves Pouliquen）即将在此欢迎诺贝尔奖获得者朱尔斯·霍夫曼（Jules Hoffmann）的到来。布利康医生接替的是古希腊研究者雅克利娜·德·罗米伊（Jacqueline de Romilly）的研究。换句话说，古希腊思想得到了充分的赞美之后，就轮到眼睛来向我们解释免疫学了。

我记得，那天，在我们小小的更衣室套上我的绿色外套[1]之后，我的心便跳得像爱情小说里演的一样。我的情绪激动不无道理。我确实经历了人生中最丰富的时刻之一。

　　朱尔斯的父亲乔斯在卢森堡公国的高中教动物学。他很快就对体形最小的那类动物产生了强烈的兴趣，于是便带着自己的儿子一起走上探索昆虫之路。

　　我很了解这个名叫米勒塔尔（Mullerthal），有多处池沼和溪流的地区。我的祖父埃米尔就是在那里出生的。身为小说家，即身为贪心地吸纳一切的厚颜怪物，我看着这位就坐在旁边的新来的同事霍夫曼先生，仿佛他是我的一位光荣的小表弟。我还看到我母亲和我正走在埃希特纳赫的乡间。乔斯正是在那里让朱尔斯完整品尝了"世界的生灵之味"。

　　接下来的故事是一股活泉，让风车转动的活泉。

　　朱尔斯来到斯特拉斯堡，还获得了**普通生物学**的专业资格。

　　他接着作了一篇博士论文，由皮埃尔·若利（Pierre Joly）指导，关于蝗虫的抗菌防卫。为何这些破坏者们——非洲的伤疤——从来没有遭受过疾病的困扰？

　　他与另一位教授，安德烈·波尔特（André Porte），发现了蝗虫的腹部大量生产的吞噬细胞（吃细菌的细胞）所扮演的角色。

　　当心可别忘了他与一位实验室同事，达妮埃尔·伊尔策

1　法兰西学术院的院士在正式场合穿着统一的绿色西装礼服。

（Danièle Hirtsel），他未来的妻子之间的邂逅。后者很快就将成为抗菌肽专家（肽由氨基酸结合而成）。

也不要忘了为了让科研机构的行政人员（和财政人员）承认昆虫是一片无尽的沃土而进行的反复斗争。对他们而言，正如对布丰伯爵一样，只有"大型"动物才配得上人类的兴趣。这陈年的自大，永恒的盲目！仿佛重要性是依着体重来的！

最后，果蝇驾到。谁能未卜先知，一个这么小的生物，平常见到的"醋蝇"，会提供关于免疫机制的那么多重要秘密？它会一点一点地（至少花了20年，科研是一块辛苦耕耘的田地）为我们揭晓它体内的肽有哪些，以及它用于抵抗微生物的武器。

法兰西学术院圆顶上的钟徒然在一刻、半点、三刻和整点敲响，我并不曾察觉时间的流逝。因为先天免疫的第一个接收者刚刚得到识别：某种病原（霉菌或细菌）的感染会引发一连串细胞内部的反应，造成的一个正面结果是启动某个能够制造一种强大抗菌剂的基因，去摧毁侵略者。这就是果蝇受到霉菌侵袭时所发生的事。而接下来的事不会让我失望，因为另一种面对微生物侵袭的应答方式（获得免疫）也将得到展现：首先是一些警告讯息，然后启动**适当**的防御。

在听到这个好消息之后，我差点没起身高喊三声谢谢。

谢谢昆虫，那些鄙视它们的人真该羞愧。

谢谢霍夫曼先生的发现。

谢谢伊夫·布利康教授。他这样等级的学者躬身传道解惑，对我来说已经是最终极的慷慨了，而这也是他身上的众多优点中的一个。

当他引用圣–琼·佩斯（Saint-John Perse）时，我想我是哭了：我如此追求的生命的统一，被这样表达出来了——

> 理智的任何创造首先是富有"诗意的"（指本义而言）：在感情和精神形式的等值中，科学家和诗人历来负有同样的使命。什么东西正朝前发展？引向深入的是推论的思想还是诗歌的省略法？在混沌初开的第一夜里，就有两个天生的瞎子在摸索着前进：一人借助于科学的方法，另一人只凭闪现的直觉——在那个夜里，谁能首先找到出路，谁的心里装着更多的闪光？答案无关重要。秘密只有一个。[1]

1　圣–琼·佩斯，斯德哥尔摩演讲，1960年12月10日。该译文引自《圣–琼·佩斯诗选》，叶汝琏译，吉林出版集团2008年版。

五

反抗的形式

动物的痛苦这个问题被长久地否认或无视，在今天总算（几乎）被全面提出。

　　但是，除了等待更好的待遇，猪和它同是被饲养的难兄难弟们还能做什么？它们不是占据主动权的一方。它们没有任何武器来抗议施加在自己头上的命运。罢工权并不被承认，游行权也没有行使的可能。

　　然而，它们在抗议——以它们的方式。

　　通过得一些能让它们的主人破产的疾病。

　　通过攻击环境，让环境来向人类复仇。

　　通过惩罚不在乎自己的顾客，以及在产地上耍花招的生产者。

觉悟有什么用？

　　猪的智慧众所周知，它是否知道，或者是否预感到人类为它准备的悲惨命运？

　　这就是下面将要讲述的寓言的主题。拉封丹几乎一如既往地从古希腊借来了灵感，这次是向伊索借的。这证明了在古代，人们已经开始思考，将如此可爱的生活伴侣处死是怎样一种残忍而诡异的行为。

猪、山羊和绵羊

一只山羊、一只绵羊和一头肥猪，

被装上同一驾马车去赶集。

它们可不是被送去玩耍的；

而是被明码标价，故事里这样说道：

车夫可不想带着它们

去看塔巴林的魔术。

猪先生在路上叫唤，

仿佛屁股后头跟着一百个屠夫要取它性命：

那叫声之大，叫沿途的人们都要聋了耳朵。

剩下的两只畜生更加温柔，

乖孩子们被猪叫救命吓了一跳：

他们看不出有什么危险需要害怕。

车夫对猪说："你在抱怨什么？

你把我们搅得心烦意乱，为什么不闭上嘴？

坐在这儿的两位可比你体面，

该由它们教你怎么活，或至少怎么保持缄默。

看看这只绵羊：它有没有说过一个字？

它多乖。"

"它是蠢，"猪又来了，

"如果它知道危险，

一定会和我一样扯着嗓子叫唤；

而另外那位体面家伙

也会直着脖子喊。

它们以为人家只是要取它们身上的一点物件，

取山羊的奶，取绵羊的毛，

我不知道它们是不是有道理；

但至于我，我没什么好的，

只知道吃，我的死是注定的。

再见，我的屋顶和我的房子。"

猪先生的分析洞察入微：

但那有什么用呢？当不幸成了确定的归宿，

抱怨和害怕都不能改变命运；

而最无远见之人总是最明智的。

　　这篇寓言应该是拉封丹于1675年创作的。当时，这位诗人已经年逾五十，正经历着对死亡的恐惧与焦虑。这种情绪折磨着他直到临终。

　　因此，这篇寓言其实是自传性质的。唉，既然我们所有人都注定要被屠宰，那我为何不像绵羊一样愚蠢呢？有觉悟的人最不幸！"最无远见之人总是最明智的。"

痛苦这个问题

说真的，蒙田比笛卡尔好。

《谈谈方法》（*Discours de la méthode*）的老调，"我知故我在"当然使人类取得了进步——建立在理性上的进步。但这一老调也使了不起的科学进步的失控变得合理，而所有的失控都来自控制的诱惑：只有被认为能够**思考**的生物才有资格统治地球。因为其他生物**没资格**。

而笛卡尔错得最离谱的地方就是他对动物所持有的观念了。

在一封给纽卡斯尔侯爵的信（1646年11月26日）中，他写道：

> 我很清楚，畜生在很多方面都强过我们，但我并不惊讶，因为这恰恰证明了它们听凭天性和气力行动，就像一台钟一样，比起我们的判断，它能更好地指明时间。

缺乏"思想"，动物就只能作为……机器存在。

而蒙田并没有这种二元的、与生命背离的观念。在他的《试笔集》（卷2，第12章）中，他赞颂了雷蒙·赛邦（Raimond Sebond）。这位加泰罗尼亚医生、神学家和哲学家（1385—1436）在他的《自然神学》（*Théologie naturelle*）一书中，试图将世俗科学从宗教启示中解放出来：

> 我们既不在其他物种之上，也不在其之下：智者说，苍天之下，律法与命运皆同……有差异，有种类，有程度；但都顶着同一性质的面孔。

这样的智慧不过是蒙田追随普鲁塔克（Plutarque）[1]的脚步的结果（"人与人之间的差异要大于某个人与某只动物之间的不同"），并预告了狄德罗的精彩总结："您以为（动物与您之间）只是邻近关系，其实是接续关系。"

作家让–巴蒂斯特·德尔·阿莫（Jean-Baptiste Del Amo，生于1981年）是这些伟大的古人们的合格继承人，他痴迷于我们与"畜生"之间的关系。他并不满足于就这个主题写一本精彩小说——《动物王国》（*Règne animal*，2016年），还希望更多地参

---

1 普鲁塔克（约公元46—120），罗马帝国时代的希腊作家，哲学家，历史学家。他的作品在文艺复兴时期大受欢迎，蒙田对他推崇备至。——编者注

与其中，比如讲述L214这个协会的历史，该协会的目标是终止针对动物的残酷行为。

在此对不了解L214的人做一个科普。这是一条关于农村饲养和海上捕捞的法律条文：

> 任何动物，作为感性生物，都应当由其主人提供与其物种的生物需求相匹配的条件。

布里吉特·戈蒂埃（Brigitte Gothière）和塞巴斯蒂安·阿尔萨克（Sébastien Arsac）从很小的时候就开始为保护动物四处奔走了。澳大利亚哲学家彼得·辛格（Peter Singer）的书《动物解放》（*Animal Liberation*，1975年）使他们更加坚定地为反对工业饲养而奔走。他们开展了各种倡议活动："反物种主义倡议书"（Cahiers antispécistes），"动物平等游行"（Marche pour l'égalité animale），"素食骄傲"（Veggie Pride），"动物问题夏季论坛"（Estivales de la question animale），与PMAF（农场动物全球保护协会）合作，"停止强饲"（Stop Gavage，针对鹅肝酱生产商）……

自然而然地，他们在2008年想到了创立L214，这一方法要比传统的游行更为有效。

从这一年开始，他们在大大小小各种动物的饲养场进行了超过40项"调查"，包括养鸡场，养猪场，养鸭、兔子、火鸡、鹌鹑、小山羊、马的农场。调查的内容包括填喂、运输、屠宰等的方式……

　　调查的方法十分简单而令人害怕：拍摄。潜入这些地方——
当然是没有许可地潜入——并通过隐藏的摄像机拍摄。拍摄事
实，只是事实，所有事实。反响立竿见影，因为影像常常十分可
怕。比如说，小公鸡由于没有用处，就被碾碎或活生生地扔进垃
圾袋中；猪被推入二氧化碳坑中，让它们"睡着"……

　　无数诉讼接踵而至。屠宰场投诉"私人财产被侵入和践踏"，
回应他们的是反动物虐待活动分子的反击。

　　社交网络促进了这一良知发现的大规模传播。数百万人观看
影像后大受震动。

　　我们可以理解大部分与这些恐怖并不相干的饲养人的气愤，
以及他们深深的不平。我们可以愤怒于该协会的侵犯，他们不惧
于说出其认定的责任人。说出来是为了叫那些人羞愧。以暴制
暴。喧哗的媒体为沉默的牲畜发了声。更何况，那是在有关部门
迟迟不实施那条著名的农村法典条例的时候。

　　L214协会诞生后的12年间，收获是丰富的：再没有人能无
视动物的苦难这个问题了。

　　一个古老的词语因此进入了人们的视野：sentinence（"感受
力"，来自拉丁语*sentio*，"通过感官感受"），即通过感官来获取
感受的能力。

　　我们再次遇到了上文提到的关于动物天性的千年争议：动物
是机器还是生灵？

我们可以把辩论工作交给哲学家们。

关于所谓**意识**这个谜团的几篇文章值得我们驻足。托马斯·内格尔（Thomas Nagel）当年的文章在瘟疫大流行的今天受到了前所未有的瞩目："成为一只蝙蝠会是什么样？"〔《哲学评论》（*The Philosophical Review*），1974年〕

让-巴蒂斯特·德尔·阿莫则更想提醒我们《剑桥宣言》的重要性。2012年7月7日，全世界走在前沿的脑科学专家们达成一致意见：

> 新大脑皮层的缺失似乎并不能阻止一个机体经历一些情感状态。得出类似结果的数据指出，非人类动物拥有意识状态的神经解剖、神经化学和神经生理基质，以及做出有意识举动的能力。结果是，这些有力证据使我们得出这样的结论，即人类不是唯一拥有意识的神经基质的物种。非人类动物，特别是所有哺乳动物和鸟类，以及众多其他物种，如章鱼，也拥有这些神经基质。

虽然这一基本点被普遍接受，但诡异的是，而且显然也是有意为之，研究动物智能的探索者们更愿意专注于类似猩猩、大象或海豚之类的动物，仿佛研究饲养的动物是禁忌。的确，我们越是赋予它们优点，就越是应该将它们**看作个体**而不是烤肉或火腿，就越是难以虐待它们，并……吃了它们。

猪爱玩。这就是为什么最细心的养猪人会在它们的围栏上方悬挂彩色的小雕像，还会到处摆放小孩子的玩具。部分经验甚至证明了猪对电子游戏和屏幕的天赋和品味。

为了嗅闻、刨地、抬物和选择自己的伙伴，猪使用起自己的嘴来，要比我们用自己的鼻子更灵便。

正如洛莉·马利诺（Lori Marino）和克里斯蒂娜·考文（Christina Covin）（《思考的猪：关于家猪的认知、情感与人格的比较回顾》，*Thinking Pigs: Comparative Review of Cognition, Emotion and Personality in Sus Domesticus*）告诉我们的，猪能够识别物品，并记起它曾待过的地方。

它会区分人类，表现出对不同的人的偏爱和最生动的情感，这一点也得到了证实。

多亏了镜子测试，我们能够观察到猪对自己有一定认知。

而且，所有猪之间并不是完全相似的：在它们短暂的一生中，我们能认出每一头猪身上的特点，一种初步的人格。

要是没有这些优点的话，为何那么多人，包括乔治·克鲁尼（George Clooney），会选择它当宠物呢？人们知道克鲁尼的越南猪麦克斯陪了他18年。听说他的历任女朋友都不怎么喜欢它。

功利主义哲学家杰里米·边沁（1784—1832）已经开启了辩论：

问题并不是动物是否能进行思考，也不是它们是否能说话，而是它们是否会感到痛苦。

两个世纪之后，谁还能满怀着种种科学知识，觍着脸回答"否"？

　　在"痛苦问题"之上，还要提出的是**物种之间等级**的问题。

　　最先开始这场辩论的还是英国人。

物种主义

　　20世纪60年代末，牛津大学的一小部分教师聚在一起，抗议"非人类动物"所得到的命运。

　　他们并不满足于反对动物受到的恶劣对待，还要思考这些残忍行为背后多多少少有意识的辩白。如何解释某些**物种**比其他**物种**得到更多的尊重？为何我们应该根据某个物种的属性得出不同的与之相处的方式？这就是英国人把我们——我们这些看不懂板球的法国人——视为野人的原因之一，因为我们的土地上居然有**屠宰马**的龌龊事发生。是什么样的变态心理会让我们去吃我们最好的朋友，也即狩猎这项高贵的活动所不可替代的伴侣？毕竟狩猎的对象不过是狐狸或鹿这些公认可以受折磨的**物种**。

　　"物种主义"这个词可能是由心理学家理查德·D. 赖德（Richard D. Ryder）在给《每日邮报》（*Daily Telegraph*）发的三封信中第一次提出的。他在其中斥责了动物实验。他解释道，现在是时候结束由亚里士多德在西方建立的历史悠久的传统了，后者并不满足于肯定人类享有超过其他物种的待遇或者权利，更是在动物之间建立了严格的等级制度。

"从达尔文开始，"赖德写道，"科学家们就承认了人类与其他动物之间并无任何神奇的差异……如果所有机体都处在同一个生物连续性中的话，那么我们自己也应该身处其中。"

在那之后，在他与另外三位牛津团队的同仁，斯坦利·戈德洛维奇（Stanley Godlovitch）、罗斯琳德·戈德洛维奇（Roslind Godlovitch）和约翰·哈里斯（John Harris）共同编辑的论文集《动物、人与道德》（*Animals, Men and Morals*）中，赖德更进一步阐述道：

> "种族"和"物种"这两个词的内涵都十分模糊，无法主要根据生物的外表来对它们进行分类……建立在种族基础上的歧视，尽管这在两个世纪之前几乎是被普遍容忍的，现在已被广泛谴责。有一天，开明之士也许会厌弃物种主义，就像他们今天痛恨种族主义一样。

红色警报

2019年6月。

从到达巴黎火车东站开始，我就无法停止思考20个世纪发生的一系列战争。烫金的字刻在大理石上，形成长串的死者名单，无法不让我们想到战争。而凡尔登周围被战争蹂躏的城市和村庄的名字，赋予这次旅程一种上前线的紧张氛围。

猪瘟之所以被冠上"非洲"这一名头，是因为它在撒哈拉南部极为流行。长久以来猪瘟被限制于这个大洲，也曾抵达撒丁岛，虽然并未因此影响到其他地区，但它最终很可能还是因为来自葡萄牙殖民地的病猪而于1957年登陆里斯本，从而传播开来。整个伊比利亚半岛都被攻陷了。这场灾害在好几年后才被消灭，代价是大量屠宰猪群，但猪瘟还是很快于2000年初扩散到了不少亚洲和东欧国家。

如果您命运坎坷，生在了猪科家族，且您的招风耳朵开始变成鲜红色，那就请接受我充满歉意的慰问：您只剩几天可活了。病毒将攻击您的免疫系统，并造成很快便致命的大出血。亲爱的猪，亲爱的野猪，请千万避免接触血液、唾液和你们生病的同胞的粪便。还要小心新鲜的肉和加工肉制品。因为这个该死的病毒有长期存活于死亡的动物组织中的能力。因此，最常见的传播方式就是将被感染的食品做成饲料。

如果您属于另一个物种，比如人类，那您就没什么可害怕的，非洲猪瘟奈何不了您。

鉴于猪群之间的感染高风险，只需一头病猪就能让整个国家禁止猪肉出口。由此造成的经济损失是巨大的。这样的禁令让法国蒙受了大约10亿欧元的损失。许多人批评了这一**国籍**标准：一头阿尔萨斯病猪并不意味着非洲猪瘟（PPA）已经攻陷了布列塔尼大区。

2018年9月13日，比利时政府在日落之前报告称，在瓦隆大区的埃塔勒（Étalle）发现了两头被感染的野猪，离法国边境不到30千米。要知道，1940年6月10日，为了反击德国入侵，法国军队恰恰是从埃塔勒进入了比利时，然后被装甲车横扫。

人们设想了两个感染源。

一个是通过比利时狩猎协会购买的波兰野猪。这是常见的做法：猎人们为了满足自己最大的爱好，肯出大价钱；付了钱，他们就想要可以射杀的猎物。

另一个是从某个东欧国家来的长途车驾驶员的低素质行为。

他可能把含有被污染的肉的三明治扔出了车窗外，于是就为某只当地野兽提供了美餐。

巴黎农业部（部长办公室和食品总管理局）和4个与比利时该区域接壤的省拉响了全面警报。该4省为摩泽尔省（Moselle），默尔特与摩泽尔省（Meurthe-et-Moselle），默兹省（Meuse）和首当其冲的阿登省（Ardennes）。沙勒维尔-梅济耶尔镇（Charleville-Mézières）在镇长帕斯卡尔·若利（Pascal Joly）和他的社会和谐与民众保护局（DDCSPP）主任埃尔维·德克万（Hervé Descoins）的领导下，组织了防御工作。

当我在9个月后遇到他们两个时，他们对这场全面动员依然记忆犹新。警报拉响的第二天，9月14日，议员们就聚集在一起，农民和猎人也加入了他们。警报区域涉及不少于43个市镇。严格的指令被下达，目的是不惜一切代价避免可能已被感染的野猪与被养殖的猪发生关系。养猪产业受到了震荡，因为中国和澳大利亚已经向比利时猪关闭了所有进口的渠道。

4个月后，确切地说是2019年1月7日，当人们得知比利时境内的两头被屠宰的野猪身上再次发现了猪瘟病毒，且这一次离法国不过……1千米（默兹省）时，紧张局势再次升级。新的全面警报。新的紧急会议。这一次是在色当（Sedan），直接由农业部部长主持。两大主要决定被做出。首先是立即在已经修建的围栏基础上再扩建……120千米。围栏高达1.5米，并延伸到50厘米的地下。造价：500万欧元。然后，增强观察区域（ZOR）被确定。对军队中常用的首字母缩写词的使用证明我们已经进入了军事阶段。这一"白色"区域应当驱逐一切野猪。大规模手段被应用：延长狩猎时段，允许agrainage，引导拥有激光装备的直升机进行夜间射击……我举起手："不好意思，agrainage是什么意思？"大家看着我，看上去难以置信。这家伙居然号称自己是院士，参与编词典呢！埃尔维·德克万乐不可支，给了我答案：agrainer（撒谷）的意思就是用饲料喂牲口。

"抱歉，您能再解释一遍吗？"（哄堂大笑）

"向野生动物提供饲料，从而更容易引诱它们。一般来说，您可以想象，这其实是被禁止的。"

在马尔居市（Margut）的市政厅，市议会热情地接待了我这个院士—报道员（无知的人）。养猪人的焦虑和狩猎人的不安给了我当头一击。他们通常是同一拨人。他们的提问此起彼伏：我们的猪群是否能够避免被感染，同时也免于预防性屠宰？我们的森林，一旦消灭了所有动物，会需要多久才能重新恢复往日的热闹？一张地图被传递着，上面到处都是指明出现被感染畜生出没的地区的红点。这些点正往西面延伸。从早晨开始，从我在巴黎东站出发开始，我就徒劳地与战争的画面作斗争，它们顽固地不愿离开我的头脑，叫我怎能不去发现瘟疫的蔓延和1940年6月的德国军队的海上追逐之间的相似之处？

更何况我们现在就在**现场**，就在那著名的围墙前。它是一道加强栅栏，沿着田野的边界，从一头一直修到了另一头。让我们向修筑这道防御工事的企业的高效致敬。我们一度以为我们这颗**全球化**的星球再不会停止开放了。但似乎正相反，各种各样的围墙的修建成了未来最有利可图的产业之一。

我们朝着圣–瓦尔弗洛瓦修道院（Saint-Walfroy）前进。这里海拔350米，俯瞰着整个地区。刚才在镇政府那里，一位当地学者不失时机地向我指出，Ardenne（阿登）这个词的来源半是拉丁语，半是高卢语，arduo，意思是"高"。这个名字也有可能来源于Ardua，一位凯尔特神祇。她的形象是跨坐在一头巨大的黑野猪上。在我们面前的是我亲爱的比利时，我们目前所有的不安的源泉。

埃尔维·德克万，也就是社会和谐与民众保护局主任，挽着我的手将我捜出人群。这位法国国立路桥学校毕业的工程师让我对堡垒产生了热情，这种痴迷在害羞的人中间是十分常见的。有一天，我也许会向他承认，我的第一部小说（我2018年的财报显示卖出了642本）是向沃邦（Vauban）侯爵塞巴斯蒂安·勒普莱斯特尔（Sébastien Le Prestre）的致敬。后者希望用坚不可摧的堡垒来保卫法国。

"您看见那个小土丘了吗？"

"我看见了。"

"那是拉费泰小型工事群，在马奇诺防线最北端。1940年5月18日到19日的夜里，德国人从西面对其发动攻击，而我们的战略家们当初的设计是针对东面和北面进行防御的。"

“结论是？”

“两个小时之内，整个驻军被一锅端。”

“与其说‘瘟疫’，不如说是‘热病’。”布列塔尼区长米歇尔·基利（Michèle Kirry）后来这样建议我。然而，这位女士却无所畏惧，既不惧怕现实，也不惧怕描述现实的词汇。“提到瘟疫[1]就会让人绝望，使我们再次陷入中世纪的恐怖当中。”

她说得很有道理，至少她的观察是对的！这些由动物传播的难以控制的瘟疫潮让我们想到我们极度互连的现代性的脆弱。第一场流行病诞生于8000年前的新石器时代，当时动物被驯服，开始分享我们人类的生活。

如果在屠宰之前，人们将猪**禁足**在受感染的区域，瘟疫就会停止扩散。回到沙勒维尔后，我还记得镇长若利向我吐露了这一乐观的分析，而我也深以为然。

哪只飞虫刺痛了我们，让四周的气氛凝重，让我们突然开始设想未来？

下一场疫情一定会到来，这一次将波及人类，而我们现在所用的方法却无法移植到那时。大家都知道，医疗资源一旦出现挤兑，病患们就会默默地被筛选。哪个明事理的人会批评一个选择首先接纳最顽强和生还希望最大的患者进重症监护室的医生？

---

1 法文的peste可以指普遍的瘟疫，也可以指流行于欧洲中世纪的多场鼠疫，也就是黑死病。

但我们还不至于到屠杀病患的地步。

至于野猪的优点，那就是它们还不怎么坐飞机。旅游的狂热还没有影响到它们。当某种疾病影响到我们这些好动成瘾的人类时，那就是另一件事了……

我与这位国家代表还聊了一些不着边际的话。我打开了我的红本子。那是 2019 年 6 月 3 日，离 Covid-19 的出现和半个地球被禁足在家不过一年。

那是另一个世界。

我的意思是同一个世界。

我闭上眼，又看到了阿登省的围墙。

这就是我们面临的处境：在我们周围，在我们每个人周围都要竖起带刺的铁丝网。

绿色警报

向国家教育署致敬！

米歇尔–埃尔维·朱利安（Michel-Hervé Julien）是音乐老师，鸟类迷，国家自然历史博物馆的通讯研究员。阿尔贝·卢卡（Albert Lucas）教自然科学。他们定期带着自己的学生去法国西部寻宝：欧地耶纳、西赞角（Cap Sizun），亡者湾（baie des Trépassés）……不用担心任何上级的责备。学区督学马塞尔·高蒂埃（Marcel Gautier）完全支持他们积极的、正不断完善的教学法。我要说的是，作为科班出身的地理学家，他（从1952年起）创立了一个圈子，将所有菲尼斯泰尔省的同行聚集了起来。

上述三位发起成立了一家协会。协会的（主要）目标是对布列塔尼的自然的研究和保护。该协会后来被简称为"活着的布列塔尼"（Bretagne Vivante），到了1968年拥有超过3000名会员。他们将非常积极地去海滩上帮助浑身浸满燃油的海鸟，那是因为

1999年12月12日，油船"埃里卡"号（Erika）在美丽岛（Belle-Île）外的海上遭遇海难。

在这个被媒体大量曝光的惨烈事件之前，"活着的布列塔尼"已经发出了另一个警报。我们的海岸线并不是唯一受到威胁的地方！我们的水道也生病了。证据：三文鱼已经弃之而逃。而它们的数量在战前是如此之多，以至于农场的孩子们都要求大人们一定要为他们提供三文鱼以外的食物。1968年发表的刊物〔期刊《蓬拉贝》（Penn ar bed）的特刊〕唤醒了许多人，不只是环保事业的长期活动分子。翌年，一家协会以"保护和推广布列塔尼鲑鱼"为宗旨成立。14年之后，该协会换了名字，变成布列塔尼水道与河流协会（Eaux et Rivières de Bretagne）。亲爱的三文鱼，对不起！你们没有被忘记。但问题超出了你们的能力范围。

于是，布列塔尼在大踏步，不顾后果地进入"现代"的同时，也由于其地理环境，比其他大区承受了更多严重的后果。当在整个法国，无论天气如何，家家户户都能得到能源供应时，布列塔尼的海岸遭遇了两场海难，首先是"阿莫科·卡迪兹（Amoco Cadiz）"号，然后是"埃里卡"号。有毒物质扩散到地下，蔓延到四周，然后不知不觉地渗入含水层，然而布列塔尼的花岗岩却不会纵容它的伪装。"在我们这里，什么都藏不住。在天地间大量倾注的硝酸盐的一个小小的分子也会出现在沿海的一条小河中，后者很可能会流入某个海湾，只要它的水不深，少有水流穿过，且能得到大量阳光，富含邪恶的水藻。"如果水藻没有幽默感的话，又怎么会选择象征生态的绿色作为自己的颜色呢？

1979年10月19日，一颗炸弹划破宁静的天空。《法兰西西部报》（Ouest-France）上的一篇文章揭露，汇入菲尼斯泰尔北部的水包含每升100毫克硝酸盐，比布列塔尼中心地区，没有任何畜牧饲养业的阿雷峰的水要高出120倍。同时，新水藻出现，并开始在游客们非常喜欢的海湾大量繁殖：声称这美丽的生菜色增加了海滩的魅力，对游客来说也是徒劳，他们并不买账……

除了热爱环境的人，大家似乎都无动于衷。

然而，1989年7月，一个慢跑者被发现死在了阿莫尔海岸（Côtes-d'Armor）的圣米歇尔昂格雷沃（Saint-Michel-en-Grève）海滩上。尽管拉尼翁（Lannion）医院的住院医生，年轻的皮埃尔·菲利普（Pierre Philippe）多次提出申请，但尸检结果始终不曾交到他的手上。10年之后，轮到了一名施工管理员倒在同一片海滩上不省人事，周围是他正在拾取的海藻。

2008年7月，两条狗在同省（伊利翁，Hillion）的另一片海滩上蹦跳的时候，突然倒地而死。

刚刚创建了"停止绿潮！"（Halte aux marées vertes!）协会的安德烈·奥利佛洛（André Ollivro）警告了著名电视节目《塔拉萨》（Thalassa，法国电视三台）的制作人乔治·佩尔努（Georges Pernoud）。一场调查就此展开。4月10日播出的节目令人心情沉重。所有经济和政治领域的领导者都对布列塔尼海岸遭受的侵害感到愤慨。

但事态却并未得到遏制。2009年7月28日，拉尼翁医院急诊室接收了一名27岁的骑马人，他在……圣米歇尔昂格雷沃海滩上感到一阵不适。他失去了意识，身体出现各种症状，包括抽搐。他的马死了吗？诊断结果很快就出来了：硫化氢中毒。这是一种毒性很强的气体，由腐败的绿藻释放。需要说明的是，当时的住院医生正是皮埃尔·菲利普，第一位吹哨人。

这一次终于惊动了政府。4名部长暂停了他们的假期，前去宣布"绿藻"计划。该计划得到了巨大的资金支持，旨在评估每一个受到波及的海湾的情况。农学家们也将提出一些解决办法。初步成果是硝酸盐含量有所下降；这固然并不足够，但已算颇有成效了。

然而，奇怪的是，挑战仍在继续，还披着一层不可思议的合乎情理的外衣。我曾在法国最高行政院当了超过20年的法官，作为内行，我要向一出真正的"大师之作"致敬。该"大师之作"就是南特上诉法院的判决（2014年7月21日）：上面提到的那匹马固然死于有毒藻类释放的有毒气体，但由于其骑手是兽医，所以他不该对在那里溜达的风险一无所知。因此，他被视为对此事件负有三分之二的责任……

伊内斯·雷若（Inès Léraud）和皮埃尔·冯·霍夫（Pierre Van Hove）以这个故事为蓝本创作了一部漫画，阅读这部作品真是一件（冰冷的）乐事（Delcourt出版社，2019年）。

当环境被侵袭，它就会以各种方式复仇。

1953 年，阿根廷爆发了一场出血热。病毒的携带者很快就得到了识别：宿主就是暮鼠属（Calomys）老鼠。随着玉米种植的发展，啮齿动物的数量也在增长。

与此同时，苏联（克里米亚）和非洲（刚果）出现了其他发热性传染病，且同样致命。但这一次，载体却是蜱虫。它是在为了调整水道而施行的工程竣工之后迅速大量繁殖的。

在印度，当凯萨努森林（Kyasanur）的面积由于农民的开垦而开始缩减时，在那里生活的猴子开始大量死亡。一个复杂的循环浮出水面，其中就有另一种蜱虫和作为宿主的多种哺乳动物的参与。

另一种所谓"裂谷热"的热病，其历史堪称典型。古代以来，兽群一直常常受到各种疾病的侵害，然而这些疾病却很少持续，且传播范围不会扩大。水坝的修建，尤其是尼罗河上的阿斯旺大坝（Assouan）的建立形成了一个巨大的蓄水湖，这成了潜在病原的天堂。在非洲的另一侧，塞内加尔河上的迪亚马水坝（Diama）也出现了类似的卫生事故：牲群流失和人类的死亡。

气候变化也扮演着一定的角色。

要理解这些机制的相互作用，没有比让-弗朗索瓦·萨鲁佐（Jean-François Saluzzo）、皮埃尔·维达尔（Pierre Vidal）和让-保罗·贡扎雷斯（Jean-Paul Gonzalez）的阐述更有帮助的了：

瘟疫的起源不仅与气候有关，也与人类活动有关。在萨赫勒地区持续了10年的干旱、因过度畜牧而导致的植被稀少，以及一直在增长的诸如建筑木材和厨房用柴等少见灌木的消费，使牧人在当季提早来到河边，来到最近刚刚得到灌溉的区域。但在那一年，雨水提前到来，且大量暴雨将蚊子的产卵地击落在水中。于是，通常总是在几个分散的牲群中低调传播的病毒被大量滋生的中介传遍每一个牲群。第一批病羊被宰杀、食用，流产的母羊幸免于难；人被感染的更确切的途径是通过病畜的产品，而非直接通过病毒的载体。牧人逃离了"母羊会流产"的地方，并驱散了牲群。在接下来的几年里，他们照常回到此地；但较小的雨量和大量生物获得的免疫使该疾病的病例只是零星出现，甚至看似消失（我们只在1987年的一批牲群中分离出了一次病毒）。因此，病毒进入了寂静期，间歇期，但随时准备好卷土重来，当有利因素再次被集齐的时候。

相同的情况很有可能会在大量灌溉之后突然出现，虽然灌溉工程对于农业发展来说是必不可少的（在布基纳法索、在几内亚、在甘比亚，这一工程都在实施之中）。

我们可以举出更多例子来说明与环境改变相关的瘟疫。大自然是一种平衡，不稳定而脆弱的平衡：对这一平衡的每一次冲击都会导致一连串不一定能人为控制的反应。

我们已经看到的蚊子的例子正反映了迪迪埃·丰特尼勒

（Didier Fontenille）的定理。我们遭受病毒攻击的原因只有一个，而且总是同一个：我们打扰了它们的住所。

到它们那里去为我们自己的事声辩是毫无意义的：由于它们不具备理性，只是有一点RNA而已，所以会对我们哪怕最合理的辩护充耳不闻。

被偷去自己的名字

无名氏的现实是什么？

《圣经》开篇的《创世记》讲述了各个元素在被"命名"之后，是如何一个接着一个地从原初的模糊中冒出来的。

> 上帝看到光明之善，于是将光明与黑暗分开。
>
> 上帝唤光明为"日"，唤黑暗为"夜"。有一晚，有一晨：第一日。

阿尔贝·加缪更为谦逊地明确道：

> 错误地给事物命名增加了世界之不幸。

如果我们谦逊地认为我们首先是我们吃下的东西的产物，那错误地命名，或者不命名食物的来源就不仅会成为我们健康的潜在风险，也会对我们的身份造成严重伤害。更不要说对献出自己的生命滋养我们这些高贵的人类的动植物的鄙视了。

在当过欧盟委员会发展委员克洛德·谢松（Claude Cheysson）的办公室主任之后，让-路易·基洛蒂（Jean-Louis Giraudy）接到了一项相当棘手的任务，即处理各种农业组织之间的关系。时值20世纪90年代初，当时欧洲想在一片混乱中通过"命名"来建立一部分秩序。这位曾在布鲁塞尔当过差的人士记忆犹新：

> 我们要记得90年代初的法国猪之年。在这场疯狂的生产力竞赛中，一些大型集团（Cochonou，Justin Bridou等）完全统治着法国市场。这是布列塔尼和当时常常令人感到震惊的饲养方式的时代。手工生产消失了，尤其是在中央高原（奥弗涅，康塔勒，阿韦龙等地区）。只有个别几个腌制食品公司还在通过处理通常来自……布列塔尼的食材来延续传奇。当然还有巴约讷（Bayonne）火腿，但由于缺少招标细则，因此质量参差不齐。
>
> 在法国流行的是意大利火腿。它们鼎鼎有名：帕尔玛火腿、圣丹妮尔火腿……准备晚餐时，这是最简单的前菜，根据口味还可以加上甜瓜、猕猴桃或无花果。美国跨国公司的子公司法国奥斯特（Aoste）集团，很快就察觉到了其中蕴含的商机。需求十分旺盛。剩下的就要靠想象力了。

天才之作（或者是一个骗局）如下：对"奥斯特火腿"进行大规模广告宣传，而奥斯特不过是一个拥有2500名居民的小村子，位于……该集团主要工厂所在的伊泽尔省（Isère）。威尔第的音乐，贵族宅邸，酷似索菲亚·罗兰的姑娘用意大利口音介绍火腿的切割工艺。整个法国都被迷住了。广告的话语也与熟肉店老板的吆喝如出一辙：太太，我给您包点帕尔玛、奥斯特还是圣丹妮尔啊？有些标签上甚至会告诉新顾客这是"真正的奥斯特火腿"！

位于布鲁塞尔的总部无人抗议。（……）

内部的讨论倒是很热烈。为了说服我的同事们，我引用了奶酪的AOC[1]的成功，苏格兰的安格斯牛的质量政策，安达卢西亚的火腿，以及在奥斯特火腿的助推下获得意外成功的意大利火腿等案例。没有人注意到，真正的奥斯特谷是生产奶酪的高山牧场区。那里确实有一个小型熟肉制品厂，但其实是个手工作坊。在那里生产的产品被叫作博斯火腿……

随着时间的流逝，欧盟委员会决定采纳这一项目，并将其推荐给各个成员国，却对其即将引起的争论一无所知。

---

1 AOC全称 Appellation d'origine contrôlée，意思是"原产地控制命名"。

而且我们忘记了意大利火腿。复活节假期即将到来。我踏上了去我在萨瓦地区的小木屋的旅程。在里昂附近，道路交通变得困难起来。火车站附近的堵车现象一直很严重。我决定踏上前往尚贝里（Chambéry）方向的Bourg-en-Bresse这条道。在重新踏上A43高速公路的不久之前，各种地名一连串地出现：安贝里约（Ambérieu），马克西米约（Maximieu），克雷米约（Crémieu），奥斯特（Aoste）……我不是要故意东拉西扯。但我对自己说：好奇怪，居然会穿过一个起了一堆意大利名字的小镇。公路穿过市中心，并沿着一家工厂延伸。我在刹那间问自己，是不是"超级凤凰"（Superphénix）核反应炉就在附近。我可不是在做梦：在工厂大门上出现了大字写的企业名"奥斯特火腿"。

回到布鲁塞尔之后，我会见了法国驻欧盟办事处的农业代表，并向他介绍了我们的提议。他觉得我们的提议很有价值。我解释道，这场战役将会是艰难的。英美的各大集团只懂品牌权利，并不会接受什么产地命名规定。（……）我还补充道："必须停止你们的蠢事，你们所谓的奥斯特火腿会让你们失去意大利人的支持。希腊人已经对你们的兰特黎斯（Lactalis）集团用拉扎克地区（Larzac）多余的奶生产的费塔奶酪（féta）[1]恼火万分了，还有其他的呢。真棒啊，

1　费塔奶酪是希腊特产的新鲜羊奶干酪，常用于生拌蔬菜沙拉。

亏你们还是原产地命名控制之国呢！"

几周之后，我的秘书叫我："有人想见您。"来者是奥斯特火腿的总经理。我记得他叫米歇尔·雷比尔（Michel Reybier），一位既热情，又幽默的男士。我向他解释道："我们有些不满，来自意大利的抗议之声很快就会传到我们这里。既然您在布鲁塞尔，那您就该知道，比利时王国60%的帕尔玛火腿来自……佛兰德地区。您还是多结交些朋友吧，好在这场战役里帮帮您的忙！"

几个月之后，奥斯特火腿（le jambon d'Aoste）悄悄地撤下了那个表示来源的d'，变成了一个简单的商品名：奥斯特牌火腿。广告也被改过了。威尔第的音乐被撤去，像索菲亚·罗兰一样性感的姑娘变成了一位睿智的奶奶，她被自己的孙子孙女们包围着，准备了一桌节日家宴，桌上的乡村面包中间，放着一盘火腿片。

让-路易·基洛蒂还记得其他抗争，尤其是这场持续了20年之久，使欧洲在……巧克力的成分这个关键问题上产生分歧的抗争。当时，荷兰人想用价格上便宜得多的乳木果油代替10%的可可脂，但保留巧克力这个名字。

这引起了法国人的强烈愤慨和抗议，后者得到了纯粹主义者的协会"巧克力咀嚼者"〔当时由索尼娅·里基尔（Sonia

Rykiel）[1]）的支持。

我们可别搞错了，在这些无休无止的、令人眼花缭乱的美食命名讨论背后，关键问题仍然十分突出：

——保护可可的生产者，尤其是非洲生产者的需要；

——品牌观念（也就是工业生产的观念）与产品观念这两种概念之间的冲突。

在贸易的"新圣经"中，最重要的是能卖出去。只要能卖，名字不重要。

剩下的工作还有很多。命名让不少人十分头疼。

一个名字就是一个签名，以信任作保。

所有文明都严厉地惩罚造假或使用假货，有时候会施以牢狱之灾，甚至处以极刑。

那又为什么在严格意义上如此关键的领域，也就是食品领域，欺骗会如此合法横行？

还不是那些游说集团的功劳！他们的阴谋诡计居然成功影响了如此多的决定，使后者与理性相悖，也与它们本该捍卫的社会的利益背道而驰。

品牌在哭泣，谴责着这个疑神疑鬼的时代。

它们怎么敢流下鳄鱼的眼泪？是它们在通过花钱实施欺骗和

1　索尼娅·里基尔（1930—2016）是法国著名时装设计师，被誉为"针织女王"。

破坏。

安托万·马尔奇奥（Antoine Marzio）写得好：

> 当阿尔代什（Ardèche）的干香肠能完全合法地用西班牙、布列塔尼、德国的肉，或者这三者的混杂制作，然后装进罗马尼亚的肠衣，再用各种来源不一的芳香剂和E249（亚硝酸钾）/250（亚硝酸钠）/251（硝酸钠）/252（硝酸钾）等防腐剂加工，那就很难在不向现实屈服的情况下凸显本地手工艺品的质量。

这句话中最可怕的字眼就是副词"合法地"。当法律本身不仅承认欺诈，而且还加以启发，甚至亲自实施，还有什么是一个社会所能依赖的呢？

动物农场

　　乔治·奥威尔，本名埃里克·布莱尔（Eric Blair），可以说是不列颠的安德烈·马尔罗：但更少有文化激情，毫无官场做派，且更加幽默。至于剩下的，两人的生活都充满冒险，似乎都积极参与了抵抗法西斯主义的斗争。

　　乔治·奥威尔生于1903年的印度东部。在久负盛名的英国伊顿公学念完书后，他渴望回到他出生的亚洲，于是他便投身……缅甸警方。在尽责而忠诚地履行了6年的职责（整整6年呢！）后，他辞职回到了伦敦。在那里，他身无分文，便开始以失业和劳苦大众的悲惨生活为题材写作。1936年，他去了西班牙，参加POUM（马克思主义统一工人党），对抗德国希特勒支持的弗朗哥政权。

　　回到英国之后，他在英国广播公司（BBC）工作，其后又为不少报纸撰写文章。这为这颗自由的灵魂提供了各种机会来揭露纳粹主义的行径。1949年，他发表了《1984》这部使他一举成名的著作。这是一本关于我们社会的未来的寓言，颇有远见。在此之前三年，他出版了《动物农场》，另一本关于极权抬头之可怖的著作。

我们在马诺尔农场，动物中间燃起熊熊怒火。它们再也无法忍受农场主琼斯先生提供的劳动环境，以及他对不服从的动物所施加的惩罚。有一位智慧的长者，拥有丰富经验的公猪，正鼓吹造反。它的声音被听到了。琼斯先生被赶出了农场。

自由的大门在一片欢乐中被开启。自由之歌被传唱：

> 英格兰和爱尔兰的畜生们
>
> 全世界的动物们
>
> 听听希望的声音吧
>
> 黄金时代一定会到来。

教育程度最高的猪撰写了一份宪章，从鸡窝到马厩，大家都沸腾了起来。

1.所有两脚兽皆为仇敌。

2.所有四脚兽或所有禽类，皆为朋友。

3.任何动物不得着衣。

4.任何动物不得卧床。

5.任何动物不得饮酒。

6.任何动物不得杀害其他动物。

7.所有动物一律平等。

第二天，当节日结束时，最困难的任务开始了：如何管理农场。

很快地，大家发现猪并不劳动。它们最机灵，只负责发配任务。

羊们刚刚乘着傍晚的温柔暮色回到家——劳动结束，所有动物都正往各自的棚窝走去——，突然从院子里传来一声惊恐的马嘶。所有受到惊吓的动物都停在了原地。那是克洛弗（母马）的声音。它又一次发出嘶吼，于是所有动物都飞奔进院子中。它们便看到了克洛弗刚刚看到的情景。

一头猪正用后腿走路。

是的，那是尖嗓（猪领袖）。它还有些笨拙，不太习惯以这个姿势承受自己庞大的身躯，但尖嗓还是保持了完美的平衡，掐着步子穿过了院子。不一会儿，一长串猪从屋子里出来，都在用后腿走路。有些猪掌握得更好，还有一两头猪走得摇摇晃晃的，似乎得靠一根拐杖撑着，但每一头猪都畅通无阻地绕了院子一圈。最后，在响亮的狗吠和那只黑公鸡的尖锐啼鸣声中，动物们看到拿破仑本人走出来了，挺胸抬头，看上去庄重威严，他用轻蔑的目光左右扫了一遍，狗群飞奔过去将他簇拥起来。

他的爪子里拿着一根鞭子。

一片死寂。动物们都被吓坏了。它们挤作一堆，视线随着那一队猪慢慢地围着院子转。[1]

第二天，大家看到猪与附近的农场主在打牌。

在外面，动物们的眼睛从猪转到人，再从人转到猪，然后又从猪转到人；但已经无法区分谁是谁了。[2]

可怜的猪！昨天还在遭受虐待，今天就堕入长得像以前的施刑者的陷阱中！在人类中间，这样的戏码很常见；但在动物中间，在出现这样的反转情况之前，维权之路还很长。

---

1 为方便读者，本文使用英语原版翻译动物名。克洛弗（Clover）在本书法语原文中被译为 Douce（温柔），Squealer 的法语译名是 Brille-Babil，意思也是尖嗓。
2 原文引自乔治·奥威尔，《动物农场》（*La Ferme des animaux*），伽利玛出版社，让·科瓦尔（Jean Queval）译，1984年。——作者注

令人不安的快速繁殖

下面这篇文章恰到好处地令人害怕。这是克洛德·列维–斯特劳斯根据一位美国医生的研究所写的文章。它发表在《社会人类学手册》(*Cahiers d'Anthropologie sociale*) 精彩的第八期上，标题为《病人与动物》("Des hommes malades et des animaux", L'Herne 出版社，2012年)。

我最近发现一个理论，来自一位美国医学教授。根据该理论，我们可以把人类的快速繁殖比作地球之癌[1]。……

他解释道，在第四纪之初的非洲，来自陆地上的脊椎动物的一支，尤其是灵长类动物的干细胞创造了一些类人

---

[1] D.威尔逊（D. Wilson），《现代世界的人口结构》("Human Population Structure in The Modern World")，《今日人类学》(*Anthropology Today*)，第十五卷，1999年12月。——作者注

组织。它们只要留在原地，就能保持健康，但它们却在近东地区，通过与一些更丰富，且更多样的食材的皮肤接触获取了一种恶性特征，在吸收了自己种植和饲养的动植物组织之后，就彻底变成了肿瘤。

这些恶性细胞以农业微型发散的形式迁移到南欧和亚洲的黏膜下。在近东本地，癌细胞以厚厚的"类都市"痂的形态发展，里面包含了大量锂元素，然后是铜和铁。

长久以来，这些被接纳的肿瘤一直被限制在东半球，之后触发了西半球的类似细胞的恶化，也许这一进程本来就处在潜伏状态。该现象的名字叫作"哥伦布进展"，通过细胞重组的方式使西班牙和盎格鲁-撒克逊基因在西半球出现。

病情不断恶化，通过由文化因素所导致的普遍发热状态和严重呼吸衰竭显现：石油馏出液的吸入，氧气总体质量的下滑，森林肺的孔洞的形成。临近末期，血液中出现高浓度有毒代谢物，来自有机杀虫剂和海面上的碳氢化合物层的外来化合物的含量出现异常，伴随着金属或塑料材料所造成的栓塞。脆弱的血管系统造成了肿瘤增生的坏死，主要是那些数个世纪前的细胞，其细胞计数超过6亿。它们的城市内核从内部空心化，并坍塌，只留下贫乏的内毒囊肿。

这就是一位来自别处的医生对我们这颗被整体视为一个生态系统的星球所做出的诊断和预测。但即使人们在上面描绘的图景中只看到了一个精彩的比喻，它也能让我们学到很多，同一种语言能够精准地描述两种现象，不只是生命现象，还是属于个体历史或集体历史的现象。

六

一个没有动物的世界

既然大部分对人类造成冲击的瘟疫都是经由动物传播的，那解决方法就自然而然地出现了，那就是彻底摆脱这些作恶者！

　　有三种方法供我们使用：斩草除根，集中关押和取而代之。

斩草除根的道路

在过去，死亡数达到几百万。今天，平均每年超过75万，首当其冲的是孩子。我们可以理解该对这些屠杀负责的蚊子周遭的敌意，以及想一次将它们一网打尽的普遍意愿。

在我之前的《蚊子的地缘政治》(*Géopolitique du moustique*)一书中，我已经展示了在今天，基因培育和操纵已经可以使斩草除根成为可能。那我们是否应该使用这些新武器呢？我的记忆里还留有蒙彼利埃的一家实验室的主任——弗雷德里克·西玛尔(Frédéric Simard)的回答。该实验室的名字就是一个项目的名字。"MIVEGEC"——传染性疾病与载体：生态、基因、进化与控制。

将不育的雄性放归自然？为什么不呢？我们正在研究这种方法。在某些环境下（岛屿、城市、难民营……），在某些时期，该方法能够取得一些成效。无论如何，不育的雄性的定义就是没有后代的雄性，所以它们并没有侵犯地球的危险，不会比让整个种族灭绝给地球带来的风险更高。与其他斗争方法（杀虫剂、驱虫剂、摧毁幼虫栖息所……）相结合，不育的雄性能够帮助我们在最需要的地方降低瘟疫的风险。

另外，戏弄遗传规律这件事，我可不想让我们陷得太深。有意给予蚊子改变自己的能力，且如此高效，让它自己的遗传基因认为它真的就会止步于此，这完全是误解了生命的机制。我们的历史，和更广泛的蚊子与寄生虫的历史证明了没有什么会停下脚步。赶尽杀绝的"组合拳"在某天失控的可能性很高。从中会诞生一头怪兽，一头拥有未知的有害基因的怪兽，没有人能有还手之力。而我并不相信那些人的小打小闹，他们还承诺我们总是"能回头"。

这个回答不只是适用于蚊子。忘了能让我们"一网打尽"一切有害生物的"银色子弹"之梦吧，哪怕它们同时也是有益的。生命并不是全白或全黑的。生命会繁殖大量的杰基尔博士（Dr. Jekyll），而他同时也是海德先生（Mr. Hyde）[1]。

---

1 杰基尔与海德是苏格兰作家罗伯特·斯蒂文森的小说《化身博士》中的人物。杰基尔是人品正直善良，前途大好的医学博士，因喝了自制的药剂而分裂出另一个邪恶的人格，名叫海德。杰基尔与海德后来成为著名的双重人格文学形象。

控制与自我保护，而不是斩草除根，最合理的战略似乎得到了普遍认可。还有最后一个拒绝极端方式的理由，也许还是主要理由：斩草除根，尤其是针对蝙蝠，那就是永远剥夺自己破解（为了模仿）自然的最大谜团之一——它们的免疫基因，它们与40种最可怕的病毒共存而毫发无伤的能力——的可能性。要理解，而不是消灭。为了理解，就要寻找。为了寻找，就要提供资助。

贵妃岭

我做有罪辩护。

但我要提醒一下，刑法第463条允许法官在任何存在可减轻罪行的情节的情况下，减轻法律规定的刑罚。

因此，我承认我并没有**亲自**参观过这家在今天已经成为猪肉工业生产领域的标杆的养猪场（28 000头母猪，每周13 575头小猪）。

现场调查的缺乏使世卫组织的工作失去了可信度。但2020年3月11日，世界卫生组织宣布了一场瘟疫的全球化。

确实是Covid-19，也只有它，使我无法完成一项我期待已久的任务。为了这项任务，我曾小心翼翼地准备，在行政上（所有等着出示给任何权威部门的许可都装在一个文具袋里），在医学上（另一个文具袋里，放了不下7种药用来缓解我这名旅客的紧张），在技术上（我把有关我们热心助人的猪的研究所能得到的所有材料都重读了一遍，并用绿色标注）。

由于这种养猪方式无法被忽略，我将依靠可用的报告，并且不添加什么评论。

要知道，首先得去往中国南部的广西：扬翔集团的总部就在离贵港市（800万人口）不远的地方。

刚一接触，您就会折服于集团对卫生安全方面的重视。设计这些设施是为了预防猪瘟会带来的损失。正如古代的欧洲，猪正在补贴中国农民的收入。

至于访问者，为了确保此人不会带进任何病原，他必须在专为访问者而设的房间里待上三天。

健康状况得到核实之后，访问者就能够穿上公司的衣服，坐上经过精心消毒的（公司的）车，然后在一座低矮的山脉的图景中奔驰。

作为小说家，我挺想到别人的生活中走走。而且因为我对中国稍微有一点了解，我想象着公路，竹林，雾中的山丘，以及别的地方少有的宁静乡村。我想象着这位贵妃（719—756），传奇美人之一，据说多少男人为她而死。扬翔公司选择给自己的"农场"起了这个名字：桂妃山种猪场。

开了几千米之后，车第一次停下，以便对车内外进行新一轮打扫。

在进门之前车又停了一下。大家都下车去洗澡。然后，每个人都穿上防护服。换车。继续爬升。人们向我们解释，所有携带原材料的卡车都必须穿过同样的障碍，而且它们的路线是事先计划好的，为了避免任何感染风险。

楼房开始在雾中显现出来。那是整排的房子，有7到9层，拥有法国20世纪60年代建筑的典型风格。在郊区是给猪住的。再远一些，还有其他混凝土楼房：食品工厂，每月生产超过5000吨食物。

汽车终于停下了。欢迎来到养猪场！

最后一个关卡等着您。您只能在经历了额外的两天"隔离"之后，才能得到进入这些楼房的权利。正是为了扛住这可怕的两天，我才事先准备了一些专为身不由己的旅行者设计的药丸：安定用来对抗焦虑，Cardensiel 2.5mg对抗可能出现的高血压，思诺思（吡唑坦）对抗失眠，托拉唑40mg对抗胃酸反流，洛哌丁胺治疗肠道功能紊乱……

最后，您被允许进入。

原则是简单的：为了限制风险，分组行动！每幢楼都是独立的，每层也一样。每层楼有1086头母猪，一头也不多。顶上两层预留给种猪。

饲养（élevage）：这个词得到了一丝不苟的执行。

高科技环境：光线佳、金属质感、自动化、极其干净，到处都是各种尺寸的管道。小猪们在地上一个挨着一个，有序地吃奶，不打架，也不会发出杀猪般叫声。

一旦断奶，它们就会被推到电梯中，然后被带去养肥。从那里出来后，它们还是会乘电梯去屠宰场。

当死亡过早来临时，猪会被立即紧急移出去。

董事长刘先生向您解释人员的严格轮替。这始终是为了避免接触，减少风险。工人在经过隔离之后，会留在原地3个月，每周6天。我不敢想象第7天有多无聊。桌上足球，电子游戏，卡拉OK……在"动物的福利"中，也得算上工人的福利。

刘先生对这些Hog hotels（猪旅馆）的优点如数家珍：卫生的绝对安全，废水的管控，成本的下降，盈利的上升，以及以低到不能再低的价格提供中国人民喜爱的肉类的骄傲。

根据我获得的最新信息，贵妃农场还在扩大。至于环境……人们刚刚建成了工厂，用来处理每年3万头母猪（很快就是6万头了），和80万头小猪（很快是100万）的废料！"固体"部分会被当作肥料售出。

取而代之，无肉之肉

既然没人能保证动物在养殖场过得幸福；既然每个人都承认，降生到世界上就为了被屠宰并不是一种令人羡慕的命运；既然大部分动物并不满足于用它们的胃肠胀气熏臭环境，甚至排出比这老生常谈的二氧化碳更可怕的甲烷来污染我们可怜的星球；既然动物源蛋白质，至少在过度摄入的情况下，已被证明对健康有害；既然我们人满为患的地球缺乏空间，且牧场占了太大的地盘——那只能采取某种解决办法了。

这种解决办法的目的就是平复那些道德顾虑和对生态与公共卫生的担忧。

这种解决办法既简单，又彻底：与动物做个了断（至少是与那些唯一的可怜功能就是为我们提供食物的动物）。

于是，就需要将它们的肉用……其他东西替代。一种不是肉的"现代"肉。**超越**肉的肉。或者用英语说，就是meat beyond meat。

最近15年来，总是被造物主的野心所折磨的人类的想象力在寻找动物**替代品**中爆发。

所有针对这些计划的描述都能成为一本书的主题，而且是让人难以消化的主题。

只需知道这些新发明所动用的金额越来越大，达到数十亿欧元，并且遵循两大主要道路。

第一条是求助于植物的道路。于是，**素食汉堡**"Beyond Burger"（由Beyond Meat公司制造）已经进入了无数快餐店，其中就包括水牛烧烤（Buffalo Grill）连锁店（名字里的"水牛"一词就有欺骗性了）。您在此将品尝到一种豌豆（蛋白质来源）、甜菜（为了模仿血红色），土豆淀粉和椰子油。为了应对不断增长的……豌豆需求，Beyond Meat公司刚刚与植物源成分这一领域的世界领袖之一——法国跨国公司Roquette（拥有8500名员工，营业额将近40亿欧元）签署了一项送货协议。豌豆（*pisum sativum*），无论是晒干的还是新鲜的，成为新食品界新星，因为它含有相当多的能量（糖原）和蛋白质。其他被遗忘的植物，比如羽扇豆和蚕豆，也能成为人们着迷的对象。让我们回忆一下，一个植物蛋白质研究联盟于……1976年在蛋白质生产行业的支持下成立了。大豆并没有在蔬菜界独占鳌头！

第二条取代动物的道路是使用几个它们的干细胞。这场冒险是在荷兰，更确切地说是在马斯特里赫特（Maastricht）开启的。一位心血管生理学教授谢尔盖·布林（Sergey Brin）于2013年介绍了第一只来自奶牛干细胞的汉堡。

正如法国国家农业研究院的科研主任让－弗朗索瓦·奥科特（Jean-François Hocquette）所解释的，这一技术并非像看起来那么简单，那么有如天降奇迹一般。能够容许这样的迅速繁殖的培养基必须包含大量的各种成分，包括激素、生长因子、抗生素、杀真菌剂……而且"我们离合成有组织的纤维、血管、神经、连结组织、脂肪细胞等的真正肌肉还很远……"。

无论如何，从2013年开始，数百家初创企业成立，旨在推出所有可能的合成物质，包括鹅肝酱。这其中就包括年轻的Gourmey公司。

植物或细胞合成肉的美丽未来指日可待。

如果说"正常"肉类的消费很可能将继续增长，于2050年达到每年5亿吨（现在是3.5亿吨）的话，那么"替代"产品将会于2030年左右占据10%的市场（今天不过是1%）。所有研究都在关注我们的健康（国家公共卫生安全社，Nutrinet的调查，《柳叶刀》期刊上的无数文章……）。我们摄入的三分之二的蛋白质仍然来自动物。为了与糖尿病、肥胖症和由此引发的一系列心血管疾病抗争，我们必须重新平衡我们的膳食，将关注点放到植物的好处上去。

既然下了这样的定论，那是否应该往100%素食主义星球发展呢？

或者我们是否应该更粗暴地将我们乡村的动物养殖场尽数清空？

这样的极端做法是否能为我们保障一个可**持续**的未来？

经过了各方咨询之后，我愈发坚信：我们需要动物。

总结一下。感谢多马·内姆（Thomas Nesme，波尔多的农学教授）。感谢弗朗索瓦·雷杰（François Léger，巴黎高科农业学院的科研主任）。感谢贝尔特朗·杜蒙〔Bertrand Dumont，法国国家农业研究院（INRA）〕。感谢弗朗克·尼德尔康〔Frank Niedercorn，《回声报》（*Les Échos*）〕。

1.的确，动物们**消耗**

——空间：75%的农业占地；

——谷物：超过全球产量的三分之一。

2.的确，动物们**污染**水，并用它们排放的甲烷污染空气。

3.但植物蛋白或合成牛排并非出自圣灵的意志，并非出自希望拯救其造物的万能上帝的突然焦虑。

为了生产替代品，还是会**消耗**（许多谷物和许多水），并造成**污染**。如果畜群无可争辩地得为大量温室气体排放负责的话（也许占了18%的总排放），那我们就必须知道与之竞争的企业所排放的二氧化碳量，后者会在大气中堆积很久。

4.别忘了除了肉类**生产**，动物还能提供多种**其他**服务：

——它们吃草（而我们人类是无法消化的）；

——通过吃草，它们打理草地，尤其是最难打理的地区（山区）；

——通过吃草，它们积存碳，从而与气候失常斗争；

——通过排泄，它们积极参与到生命的多样性中。

所有实验都证明了：最"强化有机"的农业是将养殖与农业结合起来的农业。理由很简单：这样的农业尊重生灵的基础法则——**相互依存**。

七

一颗合伙人星球

我的猪朋友们的嫉妒心要再一次升起来了。它们会再一次哼叫："说真的，艾瑞克，你真不算**偏爱**我们呀！你不停地谈其他动物！爱，所谓真正的爱，就是**偏爱**！"

　　亲爱的猪，我理解它们！长时间以来，它们如此受到鄙视，我们可以原谅它们的内心敏感。但它们应当彻底看清楚：

　　1.它们不是地球上唯一的生物；

　　2.为了得到合适的位子，它们应当认识到，并接受共栖的良好规则。

　　自地球诞生的40亿年以来，生命经历了风风雨雨，有些策略值得我们三思……

　　我们该实施一种联合原则。时而温柔，时而残暴。

　　为了继续活下去，生灵们需要吞下其他生灵，动物或植物：后者带来了必需的营养元素。

这一联合的形式是不计其数的：从最亲密的到最疏远的；从收益和损失公平分配到最不平等的分配。

我们知道，在所有社会里，包括被爱支配的社会，总是——几乎总是有一方比另一方赢得更多。

于是，在这些既多样（无尽）又多变（永恒）的生命的和谐中，为了尝试弄清一点其中的细节，我们区分三种情况：共生、互惠共生和寄生。

共生（symbiose）是一种两个机体之间超越和谐的必需联合：它们无法离开彼此生存，因为生命没有我们那么虚伪，并不信仰成双成对。

比如说，地衣是什么？

为了忍受有敌意的环境（寒冷、干旱……），菌类决定与藻类联合。

菌类提供支撑和保护，存储水分；通过排出酸性物质，它能溶解矿物质，并将其吸收。

作为回报，藻类提供光合作用产生的营养，主要是糖分。这一结合经受住了考验：这世上存在超过2万种地衣！我们也因此收获了美丽的色彩：啊，比格尔运河边的这些橙色沙滩！啊，南极洲的冻雪上被突然穿透的红色小点！

这一结合是持续的、有必要的，严格地说，是"终生的"。一切拆伙行为都会导致双方的死亡。这样的威胁会让其中的大部分打消"上诉离婚"的念头。

互惠共生，就是自由结合。两个机体在没有义务的前提下，决定联合它们的力量，在这个无情的世界存活下来。

如果我们想讲述这些多样而高效的合伙事业，我们可以写下史上最厚的一本书，而且很可能是最精彩的一本。

与其独自面对存在的残暴，为何不去邻居家住下？那位接待您的——常常不知道是谁，姑且称之为**宿主**——将为您提供住所、铺盖和交通服务，毕竟他不费吹灰之力，便让您陪他四处旅行。

我们可以想象这一懒惰策略肯定取得了巨大成功。

我们猜想，这可以追溯到远古时期。我们中的许多人可不是时至今日才开始偏爱舒适，而非独立的。

互惠共生和共生建立在**互利**的原则上。

它们与**寄生**（parasitisme）是不同的。parasitisme这个词来自希腊语para，意思是"在旁边"，和sitos，意思是"食物"。

在古代，富人习惯于请那些能娱乐他们的人与他们同桌吃饭：诗人、乐师、喜剧演员、交际花。于是，这些**寄生虫**用他们各自的"货币"付他们的饭钱：诗歌、旋律、漂亮话或抚摸。这一做法从未停止；只有说法改变了。以前，人们用"食客"这个好听的词来称呼寄生虫。今天，"蹭饭"（pique-assiette）这个中肯的说法沿用至今。

为了使自己得到更好的发展机会，寄生虫一直在搬家。

克洛德·孔布（Claude Combes），世界级寄生虫专家之一，给出了上千个寄生虫迁移的例子[1]。

吸虫是一种很小的寄生虫。其中一种西方海立吸虫（*Halipegus ovocaudatus*）需要得到庇护以及高温与潮湿的环境，便选择了生活在……青蛙的舌下这个符合它所有期待的地方。

但是，为了能够开启繁殖周期，就需要尽快离开这个怕痛的居所。小线虫（幼虫）被不由分说地赶了出去，来到了水中。它不爱孤独，便急忙寄生在别的生物——软体动物那里。因为闹不和，或只是简单地因为性情不匹配，它又要重新搬家，回到水中。在那里，新的孤独焦虑再次出现。于是，再搬家，越快越好，这一次是搬进了一只小小的甲壳动物的家里。然后很快就再次搬到一只……同样处于幼虫状态的蜻蜓家里。

正如事先所料，蜻蜓出现了。与此同时，幼虫成了虫。一切都往好的方向发展，如果某个晴天，一只两栖动物路过此地，迫不及待地把这一对夫妇一口吞下，那么吸虫就又重获了家庭的温暖——青蛙的舌下。

一只小小的实验室薄口螨（*Histiostoma laboratorium*），对某种蝇类情有独钟。除了这种蝇，它拒绝任何其他的宿主和同盟。于是，它毫不犹豫地跳向苍蝇。它可以跳到5厘米之高。按照人体和螨的身长之比，相当于人类能跳300米高。有哪一位站

---

1 见《当寄生虫的艺术，生灵的结合》（*L'Art d'être parasite, les associations du vivant*），巴黎，Flammarion出版社，2010年。——作者注

在埃菲尔铁塔顶端的女士，会拒绝一位能跳得这么高来示爱的追求者？

达尔文并没有解释一切。残酷的竞争远远不是唯一的"生存的方式"（manière d'être vivant），这里引用的是巴蒂斯特·莫里佐（Baptiste Morizot）的精彩书名。进化也能诞生于同盟。

还需要注意的是一些其他"方式"。为此，就需要借用其他观点，比如梵西亚娜·德普雷（Vinciane Despret）所建议的"像鸟一样栖息"（habiter en oiseau）。《生存的方式》和《像鸟一样栖息》两本书都由 Actes Sud 出版社出版，被斯戴凡·杜朗（Stéphane Durand）主编的"野生世界"（Mondes sauvages）这套文集收录。

伯蒂梭的宝藏

锡那马里河（Sinnamary）全长 260 千米，发自圭亚那中央高原，穿越（极小）一部分**亚马孙热带雨林**，灌溉着全球最具生物多样性的地区之一。

这让我想起了我第一次落地玛瑙斯机场的情景。我刚落地，就撞见了一群操着一口布列塔尼北部口音的法国人。在攀上话之后，他们便向我解释了他们是隶属于一个非政府组织的医护人员，该组织的目标之一是帮助麻风病人。是的，麻风病人，在今天！他们住在雨林中心，切削橡胶树采白血，也就是橡胶。"要捎您一程吗？"

"为什么不呢？"

于是，我就在里奥布朗库（Rio Branco）沿线的破落村庄度过了将近一个月，与可怜的 seringueiros[1] 为伴，他们的病已经蚕

---

1 原文为葡萄牙语，意思是在亚马孙雨林切削橡胶树、采集橡胶的农民。

食了鼻子和手指。他们与无数动物亲密地生活在一起，包括各种鸟类、爬行动物、啮齿动物、猫科动物、昆虫，大部分神出鬼没，剩下的光彩华丽（比如迷人的 *Prepona meander* 蝴蝶：黑底蓝条）或令人恐惧（啊！狼蛛第一次往您腿上爬！）。当夜色降临，我们会听到他们每个人都用自己的语言表达恐惧。而当黎明的第一缕曙光出现，他们会欢声迎接。在余下的夜晚中，他们每个人似乎都会在我的吊床旁相约聚会，不停地在我身边穿梭来回，仿佛是要向我传递一个讯息，即住在气候温和地带的我迄今为止，只不过才接触了生命宇宙中的一个可怜而暗淡的小样本而已。

让我们回到法属圭亚那和锡那马里河吧。与伯蒂梭同高处，EDF（法国电力公司）决定在39条急流中的一条上建设一座大坝。身处这注定要被淹没的365平方千米的地区的动物们该怎么办？

一项巨大的"拯救"行动在1994年1月至1995年7月间被确定下来。

法国已经是后知后觉了！它当时对自己在这片亚马孙雨林地带所拥有的宝藏完全视若无睹。雨林看似永不枯竭，因此该国不曾建立任何保护区，甚至没有规定实施过任何狩猎政策……伯蒂梭将唤醒良知，动员各种力量并募集一些资金。

我们可以想象年轻的学者在踏上这一处受威胁的天堂时的热情与决心。安娜·拉韦尔涅（Anne Lavergne）和伯努瓦·德·托瓦西（Benoît de Thoisy）都是这支小分队的成员。前者刚刚在蒙彼利埃完成了她的博士论文：《Didelphis类负鼠的生物学与基因结构》。后者在两岁时就来到了圭亚那，只是在图卢兹学习……兽医学时离开过。一拿到文凭，他便急忙回了家乡。

"我愿意出高价，只为参加这场对抗新版本大洪水的战役。"让–克里斯朵夫·维叶（Jean-Christophe Vié）在他的《传统农业与实用植物学日志》（*Journal d'agriculture traditionnelle et de botanique appliquée*）中说道。他是行动负责人。

他在报告中使用的冷冰冰的科学语言不能阻挡我们展开对这场精彩冒险的想象！在丛林深处度过18个月，面对着不断上升的水位。这段经历是气候失常的后果之一的提前上演……

35人（猎人、学生、生物学家、兽医）参与行动，定位能坚持在水平面上方最久的小岛，在对潜在的庇身所（空心树干、洞穴、树顶）进行了系统性探索后捕兽：识别，进行生物检查与取样，做标记，遥测跟踪。

3278头哺乳动物（47种）不仅免于溺毙，还得到了全方位的观察，其他还包括799条蛇（68种）和1386只乌龟。

一种新的树栖啮齿动物被发现，并被命名为*Isothrix sinnamariensis*（锡那马里勾棘鼠），还有其他稀有动物得到了细致的描述。传统的分类被确认，或被质疑。根据从这些生灵身上小心提取的细胞和组织，人们建立了一个基因信息库。

而对疾病的认识也取得了巨大进步。比如，人们发现了25%的人类个体和90%的哺乳动物是锥虫和微丝蚴的携带者。人们建立了一张潜在的作为鼠疫载体的蚤类名单。新的寄生虫在蛇、负鼠和豪猪身上被识别。而且通过血清测试，伯努瓦·德·托瓦西和他的团队在对哺乳动物，尤其是猴子的角色的理解上，以及在虫媒病毒（由节肢动物传播的病毒）方面都取得了进展。

居然要等到这座大坝的建立，也就是要等到这片自然环境被入侵时，人们才会开始对它所蕴含的宝藏产生兴趣。

伯努瓦·德·托瓦西日志
（节选）

第一批捕获的动物

在想象中我们隐约看到了疯狂捕获美洲豹、貘、蛛猴……的希望。第一年的头几个月，我们移动了数吨的陷阱，捕获了大量啮齿动物和有袋动物，但大部分大型野兽在我们到达之前就逃走了……

然而我们真的是小心翼翼的……我们尝试拍打树林，找出小型鹿科动物。然而它一跳就越过了我们的网，使我们各种各样的陷阱失效了，但"专家"曾保证，这些招数在比利牛斯山和枫丹白露的森林却是奏效的。几十棵树被层层装上了相对隐形的安全措施，使树懒在一米开外，懒洋洋地抓住旁边那棵树的枝头……

然而，水位缓慢地上升着，这是变幻无常的雨季，或者说，地势起伏并未得到有效评估，而降水量也并不符合事先的估算。结果是出人意料的：树根完全浸在了水里，迫使它们结出比平时更多的果实，结果到处都充满食物，这并没有给我们的捕兽行动带来便利。

但时间正在过去，森林慢慢地被淹没，而我们也在学习。兽医院从来没有清净过，动物们一个接着一个被取样，然后被放归。麻醉和采血一先一后地进行，分离血液与血清的离心机不停地运转，而我们还没意识到机器里装的是大宝藏。几个月之后，第一批猴子，取样成功，然后是整个兽群——最后一批存活至今的动物。

蝙蝠颂（1）
痴迷的诞生

我们的相遇之初并不愉快。我们刚见面，就差点在医院里经历了生死离别！

一个非科研人员通往知识的道路常常充满艰难险阻。

直到那时，我对蝙蝠的所知不超过围绕它们的神话的正反两面：蝙蝠侠代表"善"，吸血鬼代表"恶"。而我本人还记得在一些夏日的晚宴上，女士们的头发被掠过的蝙蝠弄乱的场景。而我顶着这颗聪明绝顶的光脑袋，被同桌的女士们的惊叫逗得乐不可支。

然而，就在那一天，当我在参观金边南部100千米的萨科村（Sar Kor）的寺庙时，我在最后关头，被迪迪埃·丰特尼耶从这些飞禽手中救下。他出于情分，陪我来到此地。我得说，这位长期担任当地巴斯德研究所所长的蚊子大专家，从来没有对这些长着翅膀的小哺乳动物表达过多少喜爱。它们被到处驱赶，长久以来，已经习惯了藏在宗教圣地的花园里。在那里，没有人有权来找它们麻烦。那天，当我靠近一群头朝下挂在菩提树顶、密麻麻地聚在一起的蝙蝠时，我听到有人匆匆忙忙地跑到我身边，那是迪迪埃，他赶紧把我往后一拽，免得我被暗绿色的排泄物浇得满头满脸。

"再拖一会儿，你就要中冠状病毒了！"

我回过神来之后，就向他提出了这个问题："那它们呢？它们到底怎么适应的？"

"这是它们身上的谜团之一。我得承认，这些恶心人的动物也不是全无价值。"

于是，我就开始去了解，首先是阅读大自然爱好者的"圣经"之一——"德拉秀指南"（Guide Delachaux）[1]上精心统计的一系列纪录：

蝙蝠的记录

最小

猪鼻蝙蝠（*Craseonycteris thonglongyia*），

头身长度：29-34毫米，翅展：12厘米，重量：2克。

最大

---

1 克里斯蒂安·迪埃兹（Christian Dietz），安德烈阿斯·基耶弗（Andreas Kefer），《欧洲的蝙蝠：认识，识别，保护》（*Chauves-souris d'Europe, Connaître, identifier, protéger*），德拉秀与涅斯列指南（Guide Delachaux et Niestlé），2015年。——作者注

大狐蝠（*Pteropus vampyrus*），重达1.2千克，翅展1.5-1.7米；其他狐蝠科，如印度狐蝠（*Pteropus giganteus*），能重达1.6千克。

最长存活年限

西伯利亚布兰特蝙蝠（Murin de Brandt），41岁。

最古老的化石

5250万年（Onychonycteris finneyi），

来自美国怀俄明州绿河组（Green River Formation）。

飞行时心跳

大于1000次/分钟。

冬眠时心跳

12次/分钟。

收缩最快的肌肉

喉头肌，200次/分钟。

最高回声定位频率

212千赫。

叫声最高分贝

137分贝（两大兔唇蝠）。

最快飞行速度

巴西犬吻蝠，65千米/小时，俯冲时达到100千米/小时。

最高飞行海拔

巴西犬吻蝠，3300米。

最大哺乳动物群

巴西犬吻蝠，达到4000万只〔得克萨斯州布兰肯洞穴（Bracken Cave）〕。

我们得承认，这样的技术卡片确实能激起好奇心。在交友网站上很少能遇到这样的角色。

那个时期，我正在为我的爱情小说[1]的女主角苏珊娜选择职业。于是，我便想象她是兽医和研究者，正投身于对上述各种谜团的研究——蝙蝠的免疫天赋和它们在寄居于自身体内的最危险的房客的夹击下存活的能力——中最吸引人的一个。除了科学好奇心以外，似乎还能作另一个譬喻：我们有时候也会抵抗疯狂的爱——另一种我们还没发现任何疫苗能够预防感染的病毒。

我继续深入钻研，越来越热情高涨。

首先，它们的纲目名称令人惊叹：翼手目，有翼，形似手。或者说是"用手飞行的动物"。其次，它们的种类超过1300种，可不是一小撮异国风情，而是已知哺乳动物的**四分之一**！其次，它们的内置雷达系统使它们能够以耳代目……别忘了它们能够熟练地进入冬眠：在夏末交配后，雌蝙蝠将精子保留下来，然后将卵子受精推迟到第二年春天，当妊娠和产仔条件达到最优的时

---

1 《击破我们之间的冻海》（*Briser en nous la mer gelée*），伽利玛出版社，2020年。
——作者注

候……说真的，这种能与最可怕的病毒相安无事的能力可不是它们唯一的天赋。

除此之外，如果您还知道轻歌剧《蝙蝠》——小施特劳斯这一讲述一段不可能之爱的杰作的话，那么您就会明白我为什么对我为女主角选择的职业感到十分骄傲。

我还听到了一些批评的嗤笑，也许还有些懒洋洋的："这个苏珊娜，兽医！多可笑的职业！还是研究蝙蝠的，真让人不敢相信！怪不得这书的调子这么滑稽。"两个月后，SARS-CoV-2病毒肆虐，引起了新冠肺炎疫情，源头很可能就是这些蝙蝠。当初开口挖苦的人们闭嘴了。

蝙蝠炸弹

"结晶"过程开启，正如司汤达为了解释爱情的发生所描述的精神过程[1]。我的脑中只想着蝙蝠，一切都归结于它们。我在军事学院就河流的地缘政治学做讲座时，在场的一位将军在中场休息时凑近我耳边说：您知道为了战胜日本人，美国人曾经打算往他们头上扔蝙蝠炸弹吗？

这个装置由好几个容器组成，每个容器中包含一只南美自由尾蝙蝠（tadarida brasiliensis）。装置配有降落伞，由投弹手投下

1　法国作家司汤达在他出版于1822年的《论爱情》（*De l'amour*）中描述了爱情从发生到"结晶"的现象。

后，会在降落到一半的时候自动打开，放出蝙蝠。后者会躲到它们最喜欢的地方去：谷仓和建筑檐口。一旦安扎下来，装在每只小兽身上的迷你纵火炸弹就会被引爆。木制和纸制的日本城市就会付之一炬。

"这么精彩的计划怎么从来没有实现？"

"原子弹工程师们手脚更快。要是有蝙蝠，我们就可以避免广岛和长崎的惨剧了。"

我热情地感谢了这位肩上顶着三颗星的将军提供的信息。但他为什么会找上我？是不是有外在特征让他能肯定地认出那些对翼手目有兴趣的人？他也许并没有看出什么特征，只是根据眼神中迸发的点滴疯狂？还是手指张得太开？这是一个谜。

过了一段时间，在农业部关于猪瘟的会议上，我认识的一位兽医〔让-吕克·安戈（Jean-Luc Angot），我不想把他的名字说出来〕看到了我，便向我传了一句话："关于您最新的宠儿和它们的用处，有人刚刚提供了一组数据，可能你会感兴趣。在一夜的时间里，挂在得克萨斯布兰肯洞穴的顶上的2000万巴西犬吻蝠能吞噬200吨你的另一群朋友——蚊子。不好意思，但我并没有关于粪便质量，也就是由此形成的肥料质量的可靠数据，但我会去查的！"

我欣然收集了这些零碎的信息，但现在需要正儿八经地更好地认识蝙蝠，尤其是那些对这些带翅膀的小哺乳动物感兴趣的人。多亏了疫情，我们突然就转变了身份：一下从荒唐的人变成了有远见的人。

我准备好飞向圭亚那，找到安娜和伯努瓦。我第一次遇见他们的时候，正好对蚊子产生了兴趣，而现在则是因为新冠疫情而刚刚被决定的禁足。因此，通过各种现代技术手段（感谢现代技术），我每天远程增长着我的翼手目知识。

今天，安娜与伯努瓦在卡宴（Cayenne）的巴斯德研究所里主持着病毒宿主相互作用实验室（LIVH）。只差一个字母，这个实验室的名字就可以被改写为英文中的"to live"：活着。

他们的研究旨在探讨各种病原传播路径的多样性，从而理解宿主/微生物之间的关系是如何解释疫情的发生和传播的。他们选择了好几种病毒（包括汉塔病毒、阿瑞那病毒和狂犬病毒），与其主要宿主联系在一起（啮齿动物、翼手目和鸟类进行考察）。需要识别生态系统的变化（比如城市化）与这些宿主/病原的相互作用，以及对疾病的发生及其严重性造成的影响。

蝙蝠颂 (2)
德古拉是巴西人

我首先应该澄清吸血鬼一事。

坏消息：我已经得到确认，在我新交的朋友里，确实有吸血的。

在所有种类中，这些"吸血者"数量很少这个事实并不足以让我安心。它们组成了吸血蝠亚科（*Desmodontinae*）。不是我过分敏感，但这个名字确实有一股魔鬼的味道[1]。今天，三种蝙蝠被归类为吸血蝙蝠。

吸血蝠（*Desmodus rotondus*），又称"常吸血蝠"，乍看之下，毫无任何可怕之处。9厘米长，翅展18厘米，30多克。然而，它以所有可及的血液为食，偏爱牛血，却也不会排斥人血，如果有人在场的话。两大特点值得您关注。第一个是它们的唾液包含

---

1 *Desmodontinae* 这个词里包含 demon（英语）或 démon（法语），意思是魔鬼。

一种名字会让人想入非非的蛋白，draculine[1]。这是一种抗凝血剂，使它们舔食的血液能够持续流动。第二个特点：极有组织的社会生活。数千只小兽群居在一片栖息地，一两只雄蝙蝠与好几只雌蝙蝠分享同一小块领地。

鉴于它们的数量和饮食习惯，常吸血蝠在传播和保存狂犬病病毒方面扮演着主要角色。白翼吸血蝠（*Diaemus youngi*）和毛腿吸血蝠（*Dyphalla ecaudata*）是另外两种吸血蝠，但这两者都偏向于食鸟类的血。

第一课已经圆满完成。我感谢了我的老师，遗憾地离开圭亚那，回到我的巴黎禁足生活中。

我真惭愧，我当时居然还感到安心：如果说新冠不幸地肆虐了全球的话，这三种吸血蝠至少会饶过欧洲——它们只生活在美洲大陆的热带地区。而在生死间游荡的活死人的传奇却诞生在我们旧大陆的中心，更确切地说，是在斯拉夫文化中。布莱姆·斯托克（Bram Stoker）的小说向我张开了双臂。我以前只保留了一些模糊的记忆。

我在德古拉的家度过了整夜。

我并不是没有害怕地颤抖过，因为作者很会写。但我为了搞明白生命的统一性，读的时候是带着极大的兴趣的。

1　这个词的拼写与 dracula 相近，也就是下文将提及的布莱姆·斯托克的小说中吸血鬼鼻祖德古拉的名字（Dracula）。

德古拉这个人物象征着对界限的否认。他既不完全活着，也没有彻底死亡。这是一个被钉上了不朽的诅咒的流浪者。作为人类，他能化身为不同的动物（包括狼和蝙蝠）和自然的力量（暴风雨、雨和风）。他是恶，但也让人可怜。过去作为学者，他代表着科学的两张面孔：一张是善意的，一张是恶意的。他亲吻之时就是他杀戮之际：爱神与死神同时在他体内。

如果说他的城堡位于特兰西瓦尼亚的某个地方，奥匈帝国的东部尽头，位于广袤的俄国——拥有无数内部边界的国度的边境，这可不是一个偶然。

《德古拉》（*Dracula*，1897年）出版前的5年，儒勒·凡尔纳曾以同一种风格，所谓"哥特式"（地狱主题，秘传现象）风格，写就了他的《喀尔八阡古堡》（*Château des Carpathes*）。

蝙蝠颂（3）
飞吧，没有比飞对健康更好的了！

清晨的第一道曙光让我回到了现实。电台的每一个频道都宣扬着蝙蝠的另一个名称："病毒始祖"……而且大家还反复说道，没有任何其他动物能携带这么多种类多冠状病毒，却丝毫不提这些蝙蝠的种类数量。它们中的哪些是携带者？我再一次被这样的含糊不清，由简单稳定的生活所维持的意淫惊呆了，人们以为这世上只有一种翼手目。

这些都是为了告诉您，我是多么迫不及待地想听安娜·拉韦尔涅的课。

鉴于它们容纳相当数量的病毒的能力，包括某些对人类极其危险，但它们自己却不会发展出临床症状的病原，不同的假设被提出，尝试解释蝙蝠对感染的"抵抗力"或"适应力"。

1.**一场长期共同进化**。蝙蝠进化到先天无症状状态的能力应该是由蝙蝠和病毒之间的长期进化所达成的平衡的结果。因此带来了一种共生关系，与蝙蝠共同进化的微生物赋予前者一种抵抗其他致病因素的保护。此外，蝙蝠身上的病毒相对于其他哺乳动物的病毒较古老的特征似乎为这一假设提供了佐证。

2.**先天免疫系统出色**。作为宿主的第一道防御，先天免疫被极大地保留了下来，甚至在最简单的机体身上也是一样。它先于一切与感染因子的接触而存在，也就是说，这些效应器自发地存在于机体中。因此，先天免疫在病原感染机体后的几分钟内便启动了。其主要角色是阻止感染范围的扩大和允许致病因子被快速地从机体中清除。似乎翼手目的先天免疫系统（包括干扰素）会迅速对病毒复制进行管控，于是病毒就会被快速清除，或被维持在低水平，使宿主不致发展临床症状。

3.**飞行时高水平新陈代谢**。翼手目是唯一能够动力飞行的哺乳动物。……蝙蝠对高水平新陈代谢的要求使它们的体温一般会达到典型的发烧体温（38—41摄氏度）。飞行过程中的高体温会对免疫系统构成高度筛选压力，使先天的和适应的免疫应答成功开启。当病毒感染发生时，发热会随之而来，免疫系统就已经顺从于使它能够直接应答的筛选机制。这一应答的进化将同时使长时间与宿主共同进化的病毒适应，成功抵抗先天免疫应答。这一相互作用使病毒能够适应蝙蝠体内的环境，也使大量病毒能够被蝙蝠容忍和留宿。

4.炎症应答的减少。在病毒感染的过程中，免疫系统发展出炎症反应（由能够识别病毒的蛋白诱导）；免疫反应越强，炎症反应就越能高效地回应病毒感染。然而炎症系统会过度运行，并导致过度反应，从而引发（人体）的疾病。一项最新研究显示：蝙蝠身上（某些感受器）的进化可能减少了病毒感染过程中的炎症应答。因此，蝙蝠能够通过某些基因获得的突变来减少自己的炎症应答。因此，蝙蝠并不会对感染"过度应答"，而其他物种身上的免疫系统却会过度运行。

这就是翼手目这种用手飞行的动物是如何进入我的世界，并再也赶不走的。

总而言之，**飞行比慢跑更有益于健康！**或者说得直接些，飞向天空吧！

为了尽可能全面模仿蝙蝠的作息，请记下冬眠对长寿的可能影响。请尝试交替在明媚的季节飞行和在寒冬长眠，这也许是益于长寿的最佳作息……

既然重要性被相对地重新调整了，且动物生物学知识对我们的未来是比金融更有利可图的投资，那么如果您在我的位置上，就会像我一样：退订《华尔街时报》，去看《翼手目档案》(*Acta chiropterologica*)，您很快就会离不开这本期刊了。

至于所谓社交网络，相信我，离开脸书吧，像我一样，加入Bat1K集团。请看看您的身边。大胆承认您的爱好吧。您将找到朋友。谁能想到，在卡昂，一个看起来如此安静的城市，离野蛮的喀尔巴阡山脉如此遥远，居然会有一名翼手目学者的存在？他还那么年轻，但已经举世闻名了：梅里亚德格·勒古耶 (Meriadeg Le Gouil)。

尤其是不要告诉我那些爱嫉妒的猪朋友们，但在某个晴天，我给我自己的免疫系统上了一剂加强针之后，我会选择蝙蝠而不是一只普通的猫来当宠物。我还在褐山蝠 (*Nyctalus noctula*)——因为它的耳朵圆，和一只伊莎贝拉大棕蝠 (*Eptesicus serotinus*)——因为它的名字对我十分珍贵 [1]——之间犹豫。

---

1 本书作者的太太名叫伊莎贝拉 (Isabelle)，见下文。

伯努瓦·德·托瓦西日志
（节选）

关于蝙蝠在疾病周期中扮演的角色的最早的研究是十分艰难的，难度并不在于它的完成，而在于科学界的分享。

伯蒂梭的哺乳动物的研究已经展示了好几种虫媒病毒的抗体痕迹。紧接着，好几种啮齿动物、有袋动物和蝙蝠在卡宴市周围被捕获之后，也得到了测试。令人惊（吓）的是，我们获得了好几种动物感染登革热的证据，而这种病毒不"该"是动物传染的。关于这个话题，已经有人给出了意见，但很快又被CDC（疾病预防控制中心）的登革热教条和大佬们压制了："是的，但这都是在墨西哥做的研究……嗯，好吧，能理解吧……"

我将这篇文章提交给了好几家期刊，始终被拒绝。理由总是同一个："不可能的。野生哺乳动物没有在其中扮演任何角色。您是在您的实验室里操弄了人类登革热病毒，您污染了样本。"

然后，巴斯德研究所碰巧在巴西朗多尼亚州的悲伤而灰旧的小镇韦柳港（Porto Velho）教病毒学课程。狼狈地回到圭亚那，我不知道那里在搞什么罢工。结果回去的路上在里约临时停了一站，损失了12小时的中转时间。在机场，我与一名悠闲的美国人不期而遇。

我们在驼背山（Corcovado）散了步……美国人史蒂芬·希格斯（Stephen Higgs）是期刊《虫媒传染与人畜共患疾病》（*Vector Borne and Zoonotic Diseases*）的主编。我们在科帕卡巴纳（Copacabana）聊着天……关于蝙蝠，关于病毒，我对他讲述了我的遇到的挫折。他问了细节，并叫我把文章发给他。虽然还是有些怀疑的声音，但这家期刊还是"信"了。

6个月之后，文章发表了，并且成为了整个实验室被引用次数最多的文章。

安娜·拉韦尔涅日志
（节选）

狂犬病与吸血鬼

首先要提醒的是，每年全球有5万人死于狂犬病，而且主要是由于被狗咬伤。但是，从巴斯德开始就有疫苗了吗？经济和资金问题……

在拉丁美洲，狂犬病的主要传播媒介是蝙蝠和吸血鬼……

然而，这是一种美妙的动物，毛发柔顺，只想着觅食。我们常常被问到为何这种动物会养成这样的饮食习惯……吸血。说实话，这个问题还有待考量。也许饮血只是为了不直接杀死自己的"宿主"。其实就像一只寄生虫一样。我不清楚。

我们早晨出发，天气很好。团队人员齐整（4个人）。

玛格丽特也在！她是翼手目专家，痴迷于这些动物，所以会去旅游景点捕捉吸血鬼。很少有景点接受我们的到来，因为害怕"广告效应"，但个别景点——要感谢他们——很清楚问题所在。

吸血鬼对袭击和咬伤并不负责，它们需要鲜血养活自己，而如果没吃的，那它们就要饿死了。我们人类越来越多地与它们发生交集，并增加了受袭的风险，甚至有人会被咬伤。

在坐了好几个小时的独木舟，穿过了几个险滩，尤其是最后一个十分难涉的险滩之后，我们来到了营地。场地很美，房东很热情。他们将遭受过袭击的棚舍指给我们看。我们就要睡在那里……同一个地方，好吧。一切都好。我们把网子张开。每一处都不放过。把所有棚舍都用网围起来。完美，18点。一切都准备好迎接袭击。开始下雨了，雨点敲在网上，剩下的……一切都白费了。它们看到网了，这些奇妙的哺乳动物们。它们应该探测到了网的存在。捕获它们的希望远去。（……）

夜晚降临，我们每小时都会巡逻，雨没有停过。第二天早晨8点，一无所获。结束了，我们只得撤退。失败了，众多失败中的一个而已。但我们已经试过了。我们两手空空地重新出发，顺着大河而下。

（……）又一个早晨，我们重新起航：与玛格丽特一起

"在洞穴里捕捉吸血鬼"。她天不怕，地不怕，甚至把自己的小宝宝一起抱来了。她把它放在洞穴中间的一块岩板上，是阳光能透进来，照得到的地方。这是玛格丽特的天窗。宝宝和他的爸爸安静地坐在那里等着我们。（……）当我们回来的时候，我们的小布袋里装着20多只吸血鬼。现在要做的是取样，血液样本、唾液样本；还需要在它们身上装一个小小的无线电应答器，使我们能够在放它们自由前识别它们。在我们忙不迭地取样时，玛格丽特突然放走了一只吸血鬼。它轻巧地立在了宝宝的肚子上。所有人都静止了，然后，我们的朋友又温柔地拍了下翅膀，便重新起飞，去寻找它的窝和同伴了。

玛格丽特笑了一下，便重新开始取样，仿佛什么都没有发生。有惊无险……她这么做是为了帮助我们研究狂犬病毒，并让人们明白，蝙蝠只不过是病毒库，却大大地服务了生态系统。

另一种模式是可能的

回到法国"本土"。

您知道杜瓦讷内湾（baie de Douarnenez）吗？

它像一个巨大的湖一样广阔，但却面朝大海；北临山脉，像我们喜欢的那样，它克服了傲慢，被时间夷为平地；南面交错排列着峭壁与裂缝，暴风雨将邮船推向岸边，为您带来来自西方的最新消息；传说从前有一座被淹没的城市，但那里的钟时至今日，仍在为婚礼与丧礼敲响；天空不停想象着色彩。

光影的专家，雅恩·科尔萨雷（Yann Kersalé）[1]和我在一个阴沉的晚上，在同一片温柔得让人流泪的蓝色的天空里，数出了30道灰。

一句话概括，那是世界上最美丽的地方之一。

---

1 雅恩·科尔萨雷（1955— ）是一名法国艺术家，以在作品中利用光线而闻名。

意思是，我理解了某位名叫安德烈·塞尔让（André Sergent）的人在20世纪90年代初的一天所打的赌：我要留在这里；我现在是农民，终身都是；既然我爱我的兄弟，我的妻子，还有我还未出世的孩子，那为何不全家在一起劳动呢？合并农场吧。

35年后，欢迎来到米利耶的GAEC：共同开发农业集团（Groupement agricole d'exploitation en commun）。至于名字，那是贝泽克镇（Beuzec）的一角——西赞角的名字。从海湾的另一边可以看到另一个海角，名叫山羊角（Cap de la Chèvre）。

"你好，我可以叫你艾瑞克吗？这是我的太太，妮可尔，她帮我处理猪粪便。

"这是我的兄弟，克洛德，和我的儿媳，勒娜伊克，她选择了挤牛奶。

"这是我的儿子，刚丹，甲烷生产者。

"我们聚集了自己的力量，又雇了3个人，在这个严酷的天堂里活得很好。

"但我们还得开发新的模式。"

那天，我一开始先去参观了奶牛，还发现了它们最好的朋友：莱力一家。真惭愧，我居然从来没听说过这些荷兰本地人：考讷利斯和阿利耶。又是一段家族史！

莱力兄弟二人从1948年开始创立了饲养人技术服务公司。今天，公司仍然是家族产业，并已拥有1500名员工，每年接近5亿营业额，客户遍及40多个国家。

请忘记每天来两次、坐在小板凳上挤上几个小时奶的农场主形象。年轻的勒娜伊克爱动物，但绝对不愿意从事那么消耗时间，又那么伤害双手、肩和背的工作。这位年轻的女士本来已经实现了她的梦想：她成为了空中客车（Airbus）[1] 的准飞行员。现在，透过她办公室的玻璃，她监视着外面150头自由地在巨大的棚里散步的奶牛；同时在电脑上追踪着数据：牛奶的产量（每头奶牛每天约产35升）和质量（在线直接进行生物学分析）。

楼下有3台莱力宇航机器人正在干活。奶牛们看起来很喜欢这些巨大的红色机器。它们安静地排着长长的队，等着被解放。没有比涨奶更难受的了：这就是定期挤奶的进步性。机器首先会清洗它们的奶头，然后由激光指引，4条管道开始工作。

一旦这些机器尽了它们的义务，奶牛们便回去吃草去了，除非是为了放松，它们会跑到一个旋转刷头下，好好挠一下背。

我们白白地毁谤了现代化，凭良心讲，我们得承认现代化为农场和动物们都带来了更好的福利。似乎其他自助机器人也正在被发明出来，但是在……牧场上！让那些怀旧的人去用古老的方式挤一天奶吧，他们就会停止为过去唱赞歌。

奶牛们受到了表扬，猪们来叫我了。

米利耶的共同开发农业集团又向我介绍了几项结合了高科技、对动物的关心和良知的有趣创新。要知道：

---

1 空中客车公司是世界领先的民机制造商。

1.为怀孕的母猪预留的楼房是**开放**的，只有屋顶和矮墙与外界相隔。好吧，这当然不比乡村，但还是比阴森的猪舍要强；

2.我们的母猪睡在它们吃的**稻草**上；

3.一块芯片被植入它们耳朵的软骨中。当它进食时，会收到正好满足它食欲的食物。

但最主要的事还在等着我，至少在塞尔让夫妇眼中，他们非常赞赏自己的儿子在循环工程上的杰作。

字典把粪肥定义为"粪便的液体混合"。

一头母猪每天排出20多升粪便。这就是说，猪粪便的量大，又讨人嫌，因为太臭了。也难怪人们管它的粪便叫"臭粪"。

该拿养猪场的衍生产品怎么办呢?

走运的是，除了很大一部分的水分以外，它还包含各种对土壤有益的成分：氮化物、磷和许多矿物盐（锰、铁、锌……）。没有比这更好的天然肥料了!

两大不足：味道（可怜可怜住在被浇满了这并不好闻的液体的农田旁边的人家吧）和它的产量（在小面积土地上撒过多猪粪肥会污染土地而不是滋养土地）。

因此，人们就有了在使用之前进行预先处理的想法。

然后为了避免浪费，利用这一处理过程进行能源生产。

刚丹·塞尔让就在此时介入。

他带我深入开发区，在那里，两个巨大的桶正等着我们。

请记住，第一个叫**消化器**。

它的名字揭示了它的功能。这就像一个巨大的胃，消化所有倒在里面的从开发区排出的植物和废料，比如苹果渣、草地修剪后的残草、修剪下的灌木和……猪粪肥，以及厩肥。为了给您一个宏观的概念，这个消化器每天吞入35吨来自周围地区的各种植物肥料。细菌吃饱后规模就会更加壮大，然后加速分解。

这一化学反应的主要产物就是气体。就像我们会放屁一样，消化器会排出二氧化碳（66%）和甲烷（34%）。

好吧，您要问了，为何还要第二个桶呢?

回答：为了完善工作。就好像用第二个胃来帮助第一个胃消化那样。

处理过程中产生的电力会被立即卖给配电公司Enedis，为600户人家提供电力支持。而物质分解过程中产生的热量则会被直接传输到养殖场的建筑里，这样一来，不用花钱就能让屋子里温温的，甚至还有些暖意呢。

人们把从同一能量初始源头同时发电和发热称为电热共发。

终极双重问题：这些巨型胃所生产的非气体残留是什么性质的? 它们会变成什么?

回答：消化质。这是一种固体或面糊状的物质。它由矿物质和未矿化有机元素构成，是一种有用的肥料，尤其是它能被方便地播撒到农田里，因为，从今以后，**它再也不臭了。**

5年前，我曾受邀参加米歇尔·德鲁克（Michel Drucker）的周日节目《红地毯》。我当时预言法国西部将拥有最美好的能源未来。"多亏了有甲烷助力的养猪业，布列塔尼将成为新卡塔尔。"我还记得米歇尔和其他嘉宾——试驾员（克洛德·勒莱和雅克·罗赛），一位大提琴家奥菲莉·嘉亚和马克西姆·勒佛莱斯蒂耶——的惊讶眼神。

米利耶的共同开发农业集团赞同了我的意见。

即使我们与许多国家相比，已经迟了。比如德国已经走在了我们前面。这一开发区是联合了不少于200家布列塔尼甲烷生产商的协会成员之一。

在意识到养殖业的能源潜力之后，有财团打算投资。它们将布列塔尼视为大型设施的基地。而新技术与数码技术的结合正在使生产小型化，也使消费者转变成**消费行动者**。可回归集中化和大型化的双重诱惑却从未远去，甚至我们很久以来已经认识到了因此带来的伤害：想象一下几千辆卡车向超大号消化器运送来自大区四面八方的粪肥和废料的噩梦。

共同开发农业集团的三重活动：牛奶、猪、甲烷，提出了一个面向未来的愿景，一个多样化和整体化的动态混合。

安德烈·塞尔让可不是凭空被选上布列塔尼农业院主席的。

再次踏上我如此熟悉的道路吧。往左走进入四车道，"我的"四车道，是杜瓦讷内，沙托兰（Châteaulin）、普莱邦（Pleyben）、布拉斯帕尔（Braspart）。我的怒火无法平息。

当然了，要更尊重。

当然了，我们的模式要进化。

但从1945年起，有哪一秒钟停止过进化？

　　我越是走遍我们的国家，就越是受不了对我们的农业的批评。到底哪个行业承受了如此频繁和如此深刻的改变？谁得设法满足那么多颐指气使和自相矛盾的命令？谁在面对越来越难以控制的力量时勇往直前？从气候变化到各种全球贸易协议，还有农产品经常性的降价：我们赖以生存的可不就是我们的食物吗？

梨树的暴力和橡胶树的盈利

直到 1995 年 12 月 12 日，我对植物的统治还一无所知，甚至不屑一顾。

那天，出于行政上的一系列幸运偶然，我成了位于凡尔赛的国王菜园（Potager du Roy）的国家高等景观学院主席。

在我被选上之后，院长让–巴蒂斯特·克伊齐尼耶（Jean-Baptiste Cuisinier）建议我会见两位种植方面的负责人：雅克·贝卡莱托（Jacques Beccaletto）和弗朗索瓦·穆兰（François Moulin）。

在沿着各种果园漫步时，我上了一节历史课。这节课要从馋嘴的路易十四开始，他要求能够随手摘到苹果、梨、甜瓜等水果，并且如果可能的话，要赶在新鲜上市，大众还未能尝鲜之前。他后来就选择了凡尔赛北部边界的这片"发臭的沼泽"。最后，9 公顷地被填平，用的土是从后来成为瑞士湖（pièce d'eau des Suisses）的地方挖来的，因为负责开挖工程的是瑞士联邦的雇佣兵，而这是为了让他们在打仗之余能有点事做。

直到此时，一切都好。我积极的注意力似乎很讨我的三位老师的喜欢。我到底是受了什么与我的身份不合的好奇心，至少是当下的好奇心的驱使，以至于问了一个破坏气氛的问题？

"那我们一直要把梨树嫁接到木瓜树上吗？"

两位园丁看着我，又互相看了看，感到不可置信又心情沉重。我又看了雅克和弗朗索瓦。而让-巴蒂斯特也没好到哪里去。我可以非常清晰地听到他们没有说出来，但心里想说的那些话：我们已经连续经历了好几任无能的主席，但像这么无能的……雅克·贝卡莱托牺牲了自己，用跟生了重病的人说话的温柔声音向我解释：

"主席先生，梨树是……无法掌控的。"

整个晚上和后来的几天内，这个新的真相——梨树的暴力——始终缠绕着我。我得说，出身部长和总统办公室的我，本以为已经遇到过所有无法驯服的力量了。

于是，感谢凡尔赛的梨树，以及后来的亚马孙大戟科和马里的巴兰赞树（*Acacia albida*），植物进入了我的生活，并不断地在我的心中成长。

与跨行业组织 Valhor 一起，我们在"绿城"（Cité verte）俱乐部召集了所有业内人士（苗圃主、商家、企业家、景观建筑师）。每两年，我们就重办"景观的胜利"，为各种可能性的发生而相聚。因为，每次都能获得让我们能够比较之前和之后的图片。从简单的露台到整个城市的调整，比如波尔多的加龙河岸或尼斯的帕永大道。而且我们还带着对更多样和更和缓的流动性的期望。对绿色的渴望成了最大的渴望。在《城市的渴望》（*Désir de villes*）——我最新的一本"全球化简史"中，我与我的合作者，建筑师、景观设计师兼理科博士尼古拉·吉尔苏（Nicolas Gilsoul）讲述了在世界各个角落，用各种方式为我们的城市重赋生命的故事。因为这就是我们的正事。人类不过是新近的市民，脱离他原来的乡村也不过是两三代人的时间而已。与某些植物亲近，时不时融入绿色之中，这能为生命重赋统一。

Valhor 的总代表让－马克·瓦斯（Jean-Marc Vasse）同时也是沃维尔（Vauville，位于诺曼底地区）市市长，法国市长协会中最积极的成员之一，这并不稀奇。

尼古拉·吉尔苏顺着我们共同的哲学趣味，刚刚发表了上面提到的书的姊妹篇《城市的野兽》（*Bêtes de villes*）。他带我们发现了出现在我们的街头和屋顶，甚至在我们的地铁中的大大小小的天上飞的、水里游的，或地上溜达的动物。

梨树的教训继续结着果。

要补充的是，为了不显得薄情寡义，我得感谢橡胶树为我带来了一座颇有分量的龚古尔文学奖。因为我的获奖作品《殖民展览》（*L'Exposition coloniale*）的主题就是橡胶。

赋予自然以权利

正如法学家瓦莱丽·卡巴纳（Valérie Cabanes）所强调的，这一权利建立在**相互依存的**原则上[1]。然而，这一凌驾于所有生灵之上的原则，我们人类——难道还要提醒吗？——也不例外，并没有被法律承认。

在法国，确实存在**谨慎**原则。它甚至被写入了宪法。但它还是非常模糊，过于宽泛，其实施会与其他同样合法的权利相冲突——比如创新的权利，或发展自己的企业——也就是创造岗位的权利。

我们的环境法在大部分时间里，只在灾难发生之后才介入，只是为了修补破损或补偿损失。另外，**环境**这个词本身难道不就指的是外部吗？

---

1 见《地球的新权利》（*Un nouveau droit pour la Terre*），巴黎，Seuil 出版社，2016 年。——作者注

旺格努伊河（Whanganui）全长290千米，位于新西兰北部。2017年3月15日，作为对毛利人的古老请愿的回应，议会赋予了他们司法身份。在投票之后，司法部长克里斯·芬莱逊（Chris Finlayson）明明白白地解释了这项决定："这项法律是对iwi（部落）与它祖先的河流之间深深的精神联系的承认。"一个以河流为名的部落：旺格努伊。

这个例子并非唯一，甚至多有重复。

在美国的俄亥俄州，托莱多市组织了一场全民公决，为的是赋予伊利湖一些权利，因为这是唯一能与污染者抗衡的方式。在哥伦比亚、在印度、在巴西，这样的行动多少都取得了一些成功。厄瓜多尔是取得最明显进步的地方。"大自然"已经以各种形式打了将近30场官司，几乎全都取得了胜利。一处红树林群落的保护者角色得到证明之后，一项虾类集中养殖计划被禁止了。此外加拉帕戈斯群岛的鲨鱼也成功让一名船商进了监狱：他每年捕捞数千条鲨鱼献给钟爱鱼翅的客人们。

洛桑大学名誉教授多米尼克·布尔（Dominique Bourg）的一系列作品彻底改变了我们与世界的关系（尤其是我与世界的关系）。比如：《为了一个生态第六共和国》（*Pour une 6e République écologique*，2011年），《新地球》（*Une Nouvelle Terre*，2018年），《背向人类的征途》（*Le Marché contre l'humanité*，2019年）。我们最终在……一艘船上相遇，移动的场地是讨论我们的未来的理想之地。国际日内瓦湖保护委员会（CIPEL）的总书记奥德丽·克兰（Audrey Klein）在这里组织了一次对话，我很喜欢她组织会议的方式：将所有相关专业的专家聚集在一起。

不久之后，多米尼克给我寄了他于2019年3月发表在……《司法档案》（*Cahiers de la Justice*）上的文章。开头就十分震撼人心。

让我们想象一个谋杀率极高的社会。自然死亡成了一件极其罕见的事，而且几乎所有死亡都由犯罪引起。再想象一下，这个社会只有一部分公民为这种情况感到悲痛，而领导人和大部分民众都对此兴趣寥寥，因为他们全身心都扑在与性有关的正统道德上。最后再想象一下，谋杀正在越来越多地针对某部分人口，后者因为自己的本领才干成为嫉妒的对象，而没有他们的本领，整个社会都会垮塌。在这样的情况下，很难认定这样的社会拥有一个高效的刑法体系。那么，我们怎能不承认在这个问题上的巨大失败呢？

接下来的文字仍然不带一点感情色彩。

在18世纪末和整个19世纪，我们的司法体系的组织是为了保护和促进自由。自由是作为建设总体繁荣的条件出现的。但是，正如历史学家让–巴蒂斯特·弗莱索兹（Jean-

Baptiste Fressoz）所指出的，工业发展并非是在不知晓其造成的环境风险的情况下进行的[1]。正相反，由于风险过高，一种疯狂的抑制解除反而得到了有理有据的肯定。在以功利主义道德为基础的社会中，对环境的损害和因此带来的灾害似乎不过是为更伟大的利益所付出的不可避免的代价。这就造成了一个事实，那就是在旧制度下，以公共卫生或环境原因关闭工场要比在工业现代化的社会容易得多。古典主义经济，然后是新古典主义经济通过建设一个赋予当下的物质充实以最高优先级，哪怕与任何其他考量（包括人类存活）相悖也在所不顾的教条式合法化体系，为法律提供了强有力的支持。

而结论只会让我这个前国务顾问想"重新修订"几条法律。

在现在这个背景下捍卫大自然的权利与在20世纪70年代初的意义显然是不同的。现在不再是简单的思维训练，而是要使法律顺应于一种连续性本体论，与大部分贡献于"主体权利专为人类设置"这一观点的现代双重性决裂。我们可以想象，如果弗朗索瓦·奥斯特（François Ost）要在当下重

1　让-巴蒂斯特·弗莱索兹，《快乐的末日——一段技术风险史》（*L'Apocalypse joyeuse. Une histoire du risque technologique*），巴黎，Seuil出版社，2012年。——作者注

写《法外自然》(*La Nature hors la loi*)的话，那将不会是同一本书[1]。

让我们回忆狄德罗的反驳：

> 小心！您以为您与动物只是邻近关系，其实是接续关系。

我和多米尼克有一天要约好再坐船继续这场研究。

与此同时，请读一读这位名字很奇妙的作家的书：拥有俄、法、毛利三种血统的萨沙·布尔哲娃–吉隆德（Sacha Bourgeois-Gironde）的《成为河流》(*Être la rivière*，法兰西大学出版社)，2020年夏天刚刚出版。在这本书中，旺格努伊河在法律面前拥有了人的身份。

成为河流！

多少次我梦想不坐船在水上航行，只为顺着水流而行！

我最爱的小渔船"芬恩"号让我实现了梦想。当我去布雷阿岛（île de Bréhat）时，我待在海里的时间超过了在船上的时间。

---

1 弗朗索瓦·奥斯特，《法外自然——法律考验下的生态》(*La Nature hors la loi. L'écologie à l'épreuve du droit*)，巴黎，La Découverte出版社，1995年。——作者注

绿藻的最新消息

　　我是在写《水的未来》（*L'Avenir de l'eau*）这本书的时候遇到吉尔·于埃（Gilles Huet）的，他当时是布列塔尼水域与河流协会的负责人。12年后，我想知道他的诊断如何。

　　我们在圣布里厄，国家宪兵队的旧军营改造的旅馆Novotel再次相见。大区主席罗伊格·谢耐-吉拉尔（Loïg Chesnais-Girard）和他的办公室主任伊万·勒梅维尔（Yvan Le Mevel）也来加入了我们。

　　前一天，2019年7月25日，法国绿党的新领袖雅尼克·亚多（Yannick Jadot）和前环境部长德尔芬娜·巴托（Delphine Batho）在瓦莱（Valais）附近的沙滩上转了一圈，这里因为绿藻问题对前来度假的游客关闭了。他们被200多名活动分子包围着，早早揭露了政府面对这场"海啸"的不作为。在慰问了3年前死于伊利翁的慢跑者的遗孀之后，他们又登上了高铁。

吉尔·于埃的话让人比较安心。

尽管有绿藻的新入侵，布列塔尼水域的平均质量还是在改善中的。证据：因为今年冬天比往年更冷，雨水更少，过去的两个夏天海滩维持得很干净。

他说，我们越是追求纯净，就越是难以进步：在第一个反绿藻计划出台时，我们把治理绿藻的方法搞得那么复杂，稍微修改一点做法就会立即反映到水中的硝酸盐含量上。今天，要越来越坚定地继续降低硝酸盐含量。当然了，水质改善越来越慢了。其实，我们可以将农民分为三类：25%的农民相信确实有改变治理模式的必要。另一头有另外25%不屑于这些问题，所以行为一如既往。关键在于争取举棋不定的中间段农民，也就是一半人在观望，他们只是遵守法律，但不会对环保抱有过度热忱。

"根据我的多年经验，"吉尔·于埃继续说道，"唯一真正有效的方式就是下面这种鸡尾酒疗法：一个配有日程安排的**目标**，目标实现所需要的具体**工具和方法**，和一条清晰的**法规**，配合制裁。"

"还需要国家代表的支持配合，这里指的是各位省长们，要敢于雷霆出击！"他继续说，"的确，在这个总是对改变不情不愿的法国，只有革命才能造就真正的改革，但我很乐观，两大发展是朝着正确方向去的。"

"市场比国家更高效。生产者不得不回应对水体的透明和水的质量有要求的客户的期待——即使他们总是想少付一点钱。然后，农民与其他国民并无不同：他们越是年轻，就越重视环境。10年后，超过50%的农田将易主。这是我们的机会。当然还得有剩下能用于农业生产的土地。在整个沿海地区，土地方面的限制会越来越严峻。"

这就是吉尔·于埃。没有比他决心更强的人了，尽管他已经"退休"了。但是，与那些只喜欢摆个姿势，在媒体上"放炮"的人相反，他总是执着于具体的结果，可触知的、可转换的结果。

我们所在的餐厅突然走进一些穿着黑红色衣服的"巨人"。吉尔向我解释，那是甘冈前进队（En avant Guingamp）球员，他们在上一个赛季刚刚被降到了乙级联赛。他们是否能重返冠军联赛的精英行列？重新出征从今晚开始，对阵格勒诺布尔队。我无法忍住不说我从小就喜欢挂在嘴边的几句话："在鲁杜鲁球场吗？——当然了！我要去，我是会员！"

一次袭击的好处

2019年8月1日，早晨9点，86年后。

前来接待我的这位姓埃纳夫的男士名叫洛伊克，是让·埃纳夫的直系子孙，或者说是曾孙。从2010年开始，他就接管了这家拥有280名员工的企业。在藻类和鱼类方面具有多样性，开了一家博物馆和好几家店，同时也是"布列塔尼制造"协会的主席——这位实际年龄49岁，但看起来年轻10岁的洛伊克的血液里流着家族的活力。

在谈未来之前，势必要先参观。而且为了不遮掩什么，我们先从屠宰场开始参观。因为对埃纳夫来说，可以自己做的就不会外包给别人。信任也许代价惨重，我们会回到这个话题的。

我应当承认，我的心里在打鼓。伟大的时刻到了，我曾见过生灵的死亡，即使我并不是猎人。操作间的负责人是一位身材高大、性格温柔的先生。他向我解释道，动物们晚上坐卡车来到这里，大约在22—23点。它们不会从很远的地方而来。"我们的合作养猪场都在附近。猪将在这个厅里度过一夜。我们把这里叫作猪圈。为了评估它们的心理压力，我们测量了它们的心跳节奏。没有加快。屠宰在一大早进行，6点。您想看吗？"这回是跑不掉了。

一头猪被放在传送带上运来，两边有两块塑料隔板，很快就会收紧。猪无法再移动了。一名员工用一个很粗的夹子夹住它的头骨。电击持续3秒钟。猪倒下了。同时，在我们看不到的地方，一个电极会被贴到肚子上，在心脏的位置。门打开了。猪滚到一个架子上。员工割开它的喉咙。血液喷出。员工翻开猪的眼皮，碰它的视网膜；如果它没有反应，那就是死了。真的死了。死亡需要15秒。以前是不是更好？没有比这更难保证了：杀，即杀死。

我知道在其他屠宰场，无论是在法国还是别处，人们只关心生产线的作业节奏，而轻视剩下的，比如恐惧和痛苦。

回到普尔德勒齐克（Pouldreuzic）。

人们抓住猪的一只后蹄，将它抬起，悬空固定。它便进入了生产线。它的身体将被浸入几乎沸腾的水中，以便除去它们的鬃毛。它再出来的时候浑身都是白色的。锯子开始行动。整具身体被切成两半之后，由国家认证的兽医检查。如果被认为合格，那它就会被盖上戳，付款程序就可以随之启动。否则就报废了。所有人就会白干，养猪人和屠宰场都不例外。

爱好猪肉的人都知道著名的"埃纳夫猪肉酱"的原则。既然猪的全身都是宝,那我们就应该把猪的全身都放进肉酱里,包括最"高贵"的部分:火腿和嫩里脊。我们可以想象一个巨大的厨房,里面在去骨、切割、搅拌、焙烧……

最神圣的地方在楼上,调料厅。盐当然只能来自盖朗德(Guérande)。但有机胡椒粉来自几内亚湾的一个小岛——圣多美(Sao Tomé),对于我这个爱探索原材料的灵魂十分珍贵。在这一庞大的猪肉制作流程中,埃纳夫直接参与了种植者合作社的创立,而且在很长一段时间内一直是后者的唯一客户,且一直保证固定数量和固定价格的采购。相互尊重,信任,还是这两个词。

洛伊克的脸色变了。

2017年6月27日,一则可怕的消息在网上疯传。一个视频展示了养猪场的一些条件的严酷和埃纳夫的部分供应商的可耻行径:对动物毫无尊重,缺乏最基本的卫生观念。L214协会潜入了养猪场,以控诉的视角拍下了视频。而被打击、被伤害的是埃纳夫。埃纳夫的名字、骄傲、历史、家族和所有员工都受到了伤害。

当他回忆起这些显然是他生命中最艰难的时刻时,洛伊克·埃纳夫痛苦万分。愤怒之情依旧,甚至已经扎根,他感到不公平,因为他确信与他的团队总是"负责地完成了工作"。

但逐渐地,他开始质疑自己。他限制了供应商数量,只保留了15家左右(原来有50家)。他了解他们的行为准则,并定期找人监督其生产流程。他与这些供应商签订了一些"进步合同"。除此之外，他还向整个养猪业传递了"他们的做法必须改变"的信息。由于他是主要客户，所以他发出的信息自然更能取得成效！

回到洛伊克的办公室后，我倾听着他的热情和他的决心。1907年创立的老字号企业正在建设它的"2030年愿景"。每年卖出价值5000万欧元的3500万罐黄蓝色罐头，其中10%为出口商品——这很好，但还不够。在所有领域，从动物福利到生物多样性，从水质管理到培训和内部积极性改善，洛伊克选择了72个指标，作为每个月在行程表上勾选的项目。口号也定下来了，与蓬拉贝地区（bigouden）的名称有关的文字游戏：Begood。大布列塔尼的流行语中总算有一句是来自布列塔尼语的了……

我永远不会相信我会在普尔德勒齐克，而且还是在一家猪肉酱工厂里上了一节现代化课，一节全球化与本土化相结合的课：一方面是销往50多个国家，得到USDA（美国农业部）的（少见）批准进入美国；另一方面，以布列塔尼为基地，76%的供应商来自本地。拥有超过百年历史的骄傲和展望未来的能力，这是家族企业与合作社之间的联盟：每年与越来越多的本地企业合作，聚集所有可以聚集的企业，从采购到物流（正是付出这样的代价，我们才能在蓬拉贝存活下来，在菲尼斯泰尔省——地球的尽头[1]）。从这样的联合中诞生了改变的动力，虽然有些痛苦，但非常高效，因为他们身边环绕着一直在揭露现状的非政府组织、不想多付钱却要求更好的消费者和被迫听从的肉处理商。还不能忘了扮演主要角色的农民，他们得通过寻找养活自己的其他方式，再次做出改变去适应现状，因为他们被要求卖得更便宜，但还要更尊重环境。

埃纳夫公司远远不能作为布列塔尼的高质量农副产品业富有活力的唯一代表。不少企业都得益于养殖业的邻近，从而能够提供越来越多种类的产品，并且以吸引老饕的**品牌**的形式出现，同时竭力确保对动物，和对整个环境的尊重。

从这个角度来看，有一场冒险尤为惊人。从一个1930年开始存在于菲尼斯泰尔南部的朗德雷瓦尔泽克（Landrévarzec）的小熟肉店开始，居亚德尔家族三代人（Guyader）创立了一家集团，今天的规模已达到500名员工和每年8000万欧元的营业额。其创新之一就是对当地的两大资源——土地与海洋的同等重视。必须说的是，现任董事长克里斯蒂安拥有一张罕见的文凭，"肉类高等学习文凭"，他同时也是高水平帆船运动员，曾数次取得法国龙船赛冠军（我每次都被落在后面很远），并且勇敢地参加了最近一届"朗姆酒之路"横跨大西洋单人帆船赛！

---

1 菲尼斯泰尔省，Finistère，把这个词拆分开，就可以演变为 fin de la terre，意思是"地球的尽头"。这是作者的一个文字游戏。

于是，在他的7家工厂中，他把一家罐头厂重新交给了小小的（和不可思议的）格罗瓦岛（Groix）。在那里进行处理的白金枪鱼、鲭鱼、鳕鱼只从当地渔民那里收购（创造了15种岗位）。

在猪肉美食的王国里，如果我只赞扬巴斯克的金托阿（Kintoa）猪和安达卢西亚的橡实猪的话，我的布列塔尼兄弟姐妹们可能会把我杀了。

克里斯蒂安·居亚德尔习惯于说一句不只会给他招来朋友的话："**好手**在哪个领域都是好手（环境保护、动物处理和盈利！）；**没本事**的在哪里都没本事。"

领袖的责任

养猪合作社（COOPERL）在布列塔尼并没有取得工业养殖的垄断。但是他们以每年卖出600万头猪，将近25亿欧元的营业额，7000名员工，2500名合作农民，且在伦敦、莫斯科，当然了，还有中国，都设有办公室，代表了布列塔尼的活力，成功，当然还有局限。

对于其活动造成的明显的负面影响，我们不能说他们是无动于衷的。

比如，合作社创立了一个"粪肥银行"，在（排泄）"过剩"地区和猪群数量不太多，还能再接受播肥的地区之间建立联系。它还建立了Dénigral公司，其目标恰好就是处理粪肥……

但是，合作社特别具有循环再处理的魄力。如果说根据著名的俗语，"猪的浑身都是宝"，那么"第五街区"（骨、血、鬃毛）比起可以制作火腿的腿肉来说，要更难处理。这些废料就成了新的资源，首先可以变成宠物的食物（包括家养金鱼），还可以变成燃料，我以前并不知道燃料可以来自脂肪残留。

手握这样的创造力，我们本该信任"养猪合作社"，让它来永久地解决这块绿藻疮疤。

更不要说，后来养猪社的延续，甚至加速成长，以及发展。

但有一个限制：一块越来越受到城市化冲击的沿海土地，怎样承载越来越多的动物？

要求扩大养猪规模的文件在省长办公室里越堆越高。在伊利翁，在曾经出现慢跑者中毒而死事件的地方，有一家养猪场想从1276头猪发展到2482头；还有另一家想增加200头。

怎样解释这场诞生于20世纪50年代的狂热？

我们知道，**增长**是我们现代化的**唯一**宗教。著名的自行车定理说明，只能不断前进，否则就会倒下。

我们已经明白了，其他国家遭遇的猪瘟让我们法国的养猪人受益。为何不利用起来呢？即使这只是暂时的。

但是还有另一个原因，不是那么直观，而且还有些让人烦恼，所以是个有趣的理由。

在气候失常的背景下，谁还不在讨论用其他**可持续**能源取代化石资源？

面对资源稀少，谁还不明白循环利用的必要？

在这些条件下，谁还敢反对养猪合作社在朗巴勒（Lamballe）建设的甲烷厂？

取得的成果堪称典范：

1.将有机气体提纯为有机甲烷，然后投入天然气网络中；

2.结果是，每年节省约22 500吨二氧化碳；

3.肥料生产（氮肥和磷肥）；

4.养猪人不仅卖猪，还卖它们的粪便，所以得到了额外的收入！

这套逻辑中遗忘的唯一一点：工厂的胃口。这头工业怪兽需要足够多的养猪场源源不断地喂送食物，而且必须就在附近，避免过多的公路运输。更糟糕的是：这头怪物只吃，不喝。

这就是为何圣布里厄的海湾还是会有被绿藻扼杀的风险。

的确，甲烷制造厂只接受猪排泄物的**固体部分**。养猪人的任务是找到足够大的土地来播撒液体部分。

而且我们发现了一个奇怪的悖论，一个美德的矛盾：生产更多是为了循环更多！

为了更深入地研究，虽然没能去成中国（因为疫情），我还是在2020年7月29日，更近距离地展开了研究，地点就在朗巴勒。我在那里向埃玛纽埃尔·考莫（Emmanuel Commault）提问，后者是一位还非常年轻的工程师（48岁），养猪合作社的总经理：他对他的企业的未来，以及对法国养猪业的未来有何看法？

他毫不迟疑地开始了他的演讲，分为7点：

3大前提意见：

1. 像我们这样的集团的责任是养活人，每天努力回应人们的复杂要求，甚至矛盾的要求，总是要求质量更高和更多（对环境和对动物）的尊重，价格还得越来越低。

2. 猪肉市场是全球性的，开放的和竞争极其激烈的。（大型）零售商能够在任何时候采购到他们所需要的东西。竞争力差的企业分秒内就被踢出市场。然而，这一残酷竞争的条件是不公平的。各种畸形现象数不胜数，包括，而且可能首先就是欧"盟"内部的扭曲（工资水平不平等，尤其是德国仍在继续给来自东欧国家的工人开低工资；环保和卫生方面的规定差异很大）。

3. 这一市场只是"被从边缘切割"了。不用行业术语的话，意思就是"标准猪肉"占据压倒性优势。有机市场或其他猪肉市场（还？）不足以养活一个产业，也就是不足以撑起一整片区域的劳动岗位。

在这个无情的世界，如何找到，并稳固自己的位置？

继续前进，并加强4大补充战略：

1. **整链**方式。产业链的**垂直性**一体化，在从养猪到最终加工的不同阶段建立起积极的一致性和透明性，使大家更团结，从而度过今天我们正在经历的危机。

2. 在我们业务的所有领域不断地肯定**科研**的优先地位。不前进就意味着坐以待毙。最近几年，我们已经雇用了至少80名工程师来改善我们的所有领域，比如"对环境零影响"概念的养猪建筑，和更温柔的对待动物的方式：结束阉割的可能性以及"去医药化"。我们会继续谈这件事。

3. 当然了，**提高档次**！我们可没等到别人来叫我们这么做！但要明白的是，这一"提高"并不是简单地创立一个价格更贵的品牌。而是同时在好几个层面进行组织：产品质量，以及动物的福利和更健康的饲料，用抗生素定期处理的终止，可追踪性，对环境的尊重。我们在其中的每一点上都在取得进步。您要说了：不够快。您说得对。但我要是把我的位子让给您一个礼拜：您就会明白了！3000个地方要发展，您能想象吗？

4. **全球发展**。如果我们对法国来说太"大"的话，那我们在世界版图上就显得很小了。没有在俄罗斯、泰国、中国发展的合作伙伴的话，我们将永远无法为我们的科研和随之出现的新科技提供资助。

显然，我们可以逐条批判这套冠冕堂皇的说辞。但谁能反驳他迫使我们面对的真相呢？

我离开了我热爱的朗巴勒，我的记者之魂让我意识到我触及了"问题的核心"。

关于2010年到2013年就火腿价格的默契协议的指控，养猪合作社曾抗议"伪证和使用伪证，毁谤性检举，欺诈判决"。让我们希望这桩"卡特尔垄断事件"能够尽快被澄清。我们只能在信任的基础上共同建设未来。

在那之后呢?

从我对农业产生浓厚兴趣开始,我就遇到了一些合作社:糖合作社、棉花合作社、大麦合作社、油料作物合作社。合作社就是农民的武装力量。没有它们,各自为战的农民能做什么?

然而,为了完成他们的任务,这些合作社多么艰难啊,他们不停地壮大,壮大。谁会责备合作社?难道他们无视了请求帮助的农民吗?

古老的寓言里,工具逃离了人的掌控,造物反过来控制造物主。

拉封丹,救命!

真正的火腿是一门长期艺术

很久很久以前，有一位幽谷佳人。那是法国巴斯克地区深入到西班牙领土的一块土地。在蕨类和金雀花覆盖的连绵山脉底下，一条河潺潺流过，不疾不徐地前去与姐妹河尼夫河（Nive）汇合。

此地的青草质量随着四季交替发生变化，畜群据此在此地来来往往。每年夏天，为了给平淡的生活找点乐子，它们会跑到山上的牧场，那是纳瓦尔（Navarre）领主的领地。然后得向他支付一笔费用，也就是增值税的前身：每**五**头牲畜要分给他一头。山谷的南部得名于这个古老的税制，甘特（Quint），巴斯克语叫Kintoa，意为"五分地"，与同叫这个名字的皇帝毫无关系[1]。

在北面，伊鲁莱吉（Irouleguy）的葡萄藤正享受着阳光。在

---

1 作者指的是神圣罗马帝国的皇帝查理五世（Charles Quint，1500—1558）。

东面，一条大道正攀向容瑟弗隘口（Roncevaux）。请回想一下：圣骑士罗兰于778年8月15日在这里阵亡。时任布列塔尼边境区总督，他指挥着查理曼大帝的一支后卫部队。史上第一篇法语文学就是关于他的战斗的叙述（《罗兰之歌》，4000行）。

> 因为罗兰感到死亡临近：
>
> 脑浆从耳中迸出。
>
> 在那山丘之顶，两棵秀树之下
>
> 有四块大理石泛着光。
>
> 他正仰面躺着，在青草之上；
>
> 他的意识消散，死亡迫近。

这些英雄事迹和放牧传说不足以养活整个后世，并且后世还常常人数众多。

最美丽的山谷是贫穷的。长期以来，人们只能往外迁徙。每一个村，每一户，在尤瑞佩尔（Urepel），阿尔杜德斯（Aldudes），班卡（Banca），圣-艾蒂安-德-巴依哥里（Saint-Étiennede-Baïgorry），还能找到一些老人（和我一个岁数）讲述它们当年在同一家养殖公司待了多年的故事，大部分是在美国。说实话，当您想到美国时，您能想象这个国家在很长的一段时间内引进了那么多……放牧人吗？这是否是绿色的衣扎拉酒（Izarra，包含植物、香料、核桃皮、李子和阿尔马尼亚克烧酒……）的威力呢？趁此机会，让我们向这位发明者（于1906年发明出该种酒），口渴的朝圣者，药剂师和植物学家，来自昂达伊（Hendaye）的约瑟夫·格拉多（Joseph Gratteau）致敬。在比利牛斯山的中心地带，我听着他们讲述怀俄明州的无尽的孤独，感到有些头晕。而且大家都对我说：如果说我们最终能够回到家的话，那是多亏了猪！

为了理解这份感激，请离开神奇的山谷。别担心，我们会回来的。皮埃尔·奥特扎（Pierre Oteiza）为我准备了晚餐，我不能以任何借口不去赴宴。

几个世纪以来，巴约讷（Bayonne）的名字一直与该地区的一种特产联系在一起，即一种被认为质量绝佳的火腿。如果您想要证据的话，要知道，拉伯雷把它指定为高康大的爸爸高朗古杰的主要"装备"之一[1]。1660年6月9日，在圣让德吕兹（Saint-Jean-de-Luz），路易十四与西班牙国王腓力四世的女儿玛丽-特蕾莎大婚时，邀请来宾们品尝的就是这种火腿。

利用这个名气，那些厚颜无耻之人居然给随便什么生猪肉片都打上"巴约讷产"的标签，无论这猪肉是敦刻尔克产的，布雷斯特产的，斯特拉斯堡产的还是尼斯产的。

在巴约讷当地，愤怒的情绪已经酝酿许久，并最终爆发。所有当地产业链的参与者都决定团结起来，达成协议。不仅要扼杀

1　见拉伯雷的小说《巨人传》。

欺世盗名者，还要趁此机会提高档次。于是，1991年，"巴约讷火腿联营"成立了。通过建立科研机构、监控体系、培训中心，他们的抱负将得到实现。这些努力的成果在7年后显现。欧盟授予了IGP，也就是地理标志保护标签。这个说法十分谨慎，且宽泛，但还是一个进步。"巴约讷"的名字再次有了意义。标签保障了产品与具体产地之间的联系。在巴约讷火腿这件事上，饲养和屠宰区仅限于法国西南部。但肉类处理区（腌制、熟食制作）则限于阿杜尔（Adour）南部的两个省份，比利牛斯–大西洋省（Pyrénées-Atlantiques）和上比利牛斯省（Hautes-Pyrénées）。其特殊性也因此得到强调：传统工艺和特殊的气候条件是制作优质火腿的关键因素（我们回头再说）。招标细则应当被遵守：饲料应当包含60%的谷物，禁止动物磨成的粉和鱼，保证卫生监测、仔猪的可追踪性及屠宰场的监控……

成果接踵而至。为了回应纷至沓来的订单，产量在20年间翻了一倍，大量乡村地区因为新创的5000多个岗位而重获新生，整个行业不断签订的内部协议证明了自己新近建立的团结（多年以来，腌制品商支持着养猪人，为他们带来了超过5000万欧元的收益）……贝阿恩（Béarn）地区的阿尔扎克（Arzacq）离波城（Pau）半小时车程，并不是一个大城市，不过1000个居民而已。然而，在联营入驻之后，它便成为火腿重生的大本营。

巴约讷火腿之争在展示普通乡村将自身的力量用于提高质量之时，唤醒了各种能量，一切的发生仿佛都归因于此。唉，法国其他地区和其他行业并不通晓这一课，将很快被比亚里茨（Biarritz）和塔布（Tarbes）所理解。不少其他商标将被发明。不过我们得承认，这些商标多到让人迷失。但是，另有三段经验——三段成功的经验值得被讲述。

我们又回到了阿尔杜德斯山谷，前怀俄明州放牧人的故乡。皮埃尔·奥特扎在那里等着我。他迫不及待地想向我介绍他的小牲群。它们被他称作"幸存者"。我们朝它们的家走去，那是一片非常陡峭的草地。猪群靠近我们，礼貌地欢迎新客人。在它们的嘴上戴的环并不是为了庆祝什么野兽婚礼，而是为了防止它们刨地。它们长长的耳朵折下来，就像一顶贝雷帽，把眼睛都遮住了。但我可以想象它们看到我这个连爬个坡都喘得上气不接下气的巴黎人时，一定乐坏了。

"没有我们的话，这种猪早就消失了。"此间主人骄傲地评论道，"您看到它们有多亲人了吗？"

的确，它们当中的两头已经开始啃我的鞋带了。

"那您觉得它们怎么样？"

我从小就习惯了给人捧场，于是便在这些双色皮毛（头和屁股是黑的，中间粉色）的猪面前表达了我的爱慕之情。

"巴斯克黑白猪，或者说'巴斯克猪'的数量当时在不断减少。我的祖父告诉我，它们的数量从1918年停战协议签订时的16万头降到了1945年的10万头。1989年，只剩下了25头，是的，25头。我们就在那时决定去救它们。"

大家都知道，巴斯克人很骄傲。但皮埃尔·奥特扎是巴斯克人里最骄傲的。怎能说他错呢？与其到处乱发荣誉军团勋章，不如授予他尼古拉·于洛（Nicolas Hulot）生物多样性奖章（有待创立）。接下来的晚餐上，我找不到词来为他主持公道：火腿层叠，香肠乱舞，肉酱与猪肚齐飞，胡椒猪舌，炖小牛肉末，不能错过的奶酪（奥索-伊哈迪羊奶酪），巴斯克黑樱桃蛋糕……在唱赞歌之前，我得承认，皮埃尔老爷举起了他的伊鲁莱吉酒杯赞美我的好胃口："我从来没见过这样的人物，雅克·希拉克在1973年的农业博览会，法兰西学术院万岁！大家明白这是不朽者诞生的地方。"

　　我以一条建议作结，因为我天性善良：立即去这个神奇山谷参观。最好打个电话确认皮埃尔是否在那里，而不是跑到日本或……怀俄明州去。甘特火腿专线：05 59 37 56 11。

　　"现在，好好睡一觉吧。明天的博览会等着您（le saloir vous attend）。"

　　腌肉缸（Saloir），一听到这个词就让我回到了童年，因此毁了我的睡眠。回想一下：三个小孩在乡间迷了路，因为夜幕降临而害怕得发抖。他们看到一幢房子里透出的灯光。他们觉得自己得救了。一个男人为他们打开了门："你们来得正好，我是屠夫，我会给你们吃的。"然而他没有照他说的做，而是将孩子们杀死，切块，然后把他们放进了一口大箱子里腌渍。圣尼古拉正好经过，敲门求食物。他正好要求的是那块小咸肉，是的，就是那块放在箱子里的咸肉。屠夫逃跑了。三个孩子便复活了。

　　许多年就这样过去了，然而我第二天仍然心情忐忑地穿上了参观工作间该穿的衣服：白大褂，光脑袋上戴好护发套，鞋子外再套上塑料袋。我运气很好，一个新词让我恢复平静：腌渍器（salaisonnier）。有**盐**（sel）这个词在里面，那我就不会缺盐了。但里面也有季节（saison）这个词。而我的朋友们在这些厂棚里努力重建的正是时间/天气（temps）的双重节奏，即正在流逝的时间和正在变幻的天气[1]。

　　在进入关键之前，我咨询了我的日常科学顾问。然后我们一同唱道：食盐光荣！

　　人类自诞生起，就在寻找保存打猎或捕捞得来的动物肉体的方法。看着这些艰难获得的食物腐烂是多么让人痛心！两种方法很快就显现出高效来：加盐和晒干。人们后来才知道，这两种方法都建立在同一种机制的基础上：把水从肉中去除。从巴斯德开始，我们就知道，腐烂的定义是细菌和霉菌只能在有水的环境中繁殖。没有水的话，这些微生物就会消失，它们制造的腐烂也会随之消失。

　　盐是怎样起作用的？首先，它与水分结合，此处的水分指在所有肉体中的水分（比如血液中的、淋巴中的）。因此形成的盐分很高的溶液，将抽干细胞内部的水（盐分较少）。于是，盐步

1　法语词temps的意思有两个，"天气"和"时间"。

步逼近肉的中心，接管所有水分，并通过漫长的蒸发过程将其排出。火腿会损失40%的重量（对只想论斤卖的人来说不合算）。

除了与死亡所造成的不可抗拒的结果（即腐烂）作斗争的能力，盐还拥有另一项力量，即增加与其相接触的食物的好滋味。还得选择合适的量：加太多盐，食物就难以下咽；盐不够，细菌就会重新发动进攻。

有了这个基本知识，我就能跟得上整个流程的7个步骤了（一个都不能少）。

1. 用大量的水清洗。

2. 按摩。

要在按摩过程中使盐穿透肉体，尤其强调要穿透动脉和淋巴管，从而清除尽可能多的水分。这一按摩可以由机械操作进行。人们把这叫作"搅拌"。

3. 放入腌渍室。

火腿被盐覆盖，堆进一个不通风的房间。4摄氏度。规定很简单：每公斤火腿用200克盐，在腌渍室内放一整天。

4. 两个休止阶段。

火腿被悬挂在一个通风良好的房间里，温度不超过2摄氏度，湿度为85%，然后调到80%。在一开始的15天里，即"预休止"阶段，火腿"把盐腌到心里"。在第二个阶段，差不多持续8周，火腿开始成熟了。它会失去10%—15%的重量。休止阶段结束之后，火腿就被视为"稳定"了：所有细菌都被盐赶走了。

5. 烘烤室。

火腿被送到烘烤室待1周，温度设为25摄氏度。这一步的目的是让火腿适应变化。正如我们知道的，要想优雅地老去，就必须学习。在这过程中，火腿的芳香会逐渐形成。

6. 干燥室。

在一个通风的房间待4周。12摄氏度，湿度75%。

7. 在室外成熟。

这是耗时最长的阶段：每公斤需要耗时1个月。某些超过30公斤的火腿就需要3年以上时间成熟。火腿被挂在用于除湿的山毛榉木做的支架上。对通风的管理十分谨慎。根据气象预报，选择打开或关闭某种窗板。

在火腿成熟之前，要将其包裹起来，意思就是用米粉和腰子上方的油脂做成的面团将它包起来。只有一小部分不用包，那就是火腿上方的部分，这是为了让它能够呼吸。湿气就是从这个"窗口"被排出的。6个月之后，这堆面团会呈现猪皮色。10个月之后，它开始"开花了"，上面覆盖着细菌和酵母，拥有双重优点，一是不带任何病原，二是产生强烈的芳香。

当这朵"花"消失时，火腿就加工成型了。只需去除"外包装"即可，即用手刮或将火腿绕着灯转，利用灯的热量使外包的面糊融化。

从这漫长的制作过程可以推断出三条法则。

要制造高质量的火腿，必须满足以下条件：

首先是时间。

如果算上上述所有阶段的话，至少要18个月。这是由于盐浸润肉的过程缓慢和成熟期的**缓慢**。大家都知道这条公式：**时间就是金钱**。工业家和他们聘请的令人讨厌的家伙，也就是所谓"管理监督方"，据此便得出了一条指令：加快，总是加快，还要再快。而皮埃尔和他的团队的逻辑是相反的：越慢，火腿的品质就越好。

其次是风。

西南地区的火腿是焚风（foehn）之子。这种气候现象是由大气循环与比利牛斯山的地势起伏相遇所造成的。巴斯克的干燥室在约3个月的时间里能够利用**焚风的影响**。在焚风的影响下，温暖和凉爽两种天气交替，但总是较为温和，且冬天会有南部的风带来的突然升温。没有比这更容易让盐渗透并使水分蒸发的条件了。

第三是细心。

火腿的成熟期越是自然，就越是成功，当然，这样环境就会比较脆弱，随时都会有不测风云。每个工作室的湿度和温度都持续得到监控。人们每天都进进出出，检查这几千条悬挂的火腿。人们将欧楂木做的探测器插入肉中：从肉中散发出的香气让人能够得知其变化情况。这就如同酿酒人在检查他们收获的葡萄的最新情况。

但一切都要从动物本身的质量开始。

皮埃尔·奥特扎平均每年只养400头猪。他向来自231个市镇（157个在巴斯克地区，69个在贝阿恩地区，5个在朗德地区）的87名养猪人招标。为了得到甘特火腿的称号，他们应当遵守极其严格的标书，其中的规定让人想起养猪过程中的必要条件：细心呵护、时间和空间。

10页厚的标书应当得到遵守。特别是其中可以找到针对动物生活的**室外**"环境"的详细描述：必须有一个避雨所，一个饮水点，一块提供丰富而多样的植被的场地（"青草和/或草根，栗子和/或橡实和/或山毛榉果"）。此外，还需要空间：每公顷草地或旷野不超过35头猪，但在"草地覆盖的森林"里，每公顷只能有25头猪。

就这样，1980年正面临灭绝危机的巴斯克猪，在16年的努力之下，获得了Kintoa AOP认证，即原产地保护认证（针对干火腿和猪肉）。

肉类和熟肉类原产地保护认证的分布勾勒出了一幅美妙的法国多样性肖像：三种牛肉（Charolles，Maine-Anjou，Mézenc），一种公牛肉（卡马格），一种绵羊肉（Barèges Gavarnie），两种预先腌制的羊羔肉（索姆河畔和圣米歇尔山）和两种猪肉（其中包括我们的甘特火腿）。

往东走，但还在这片上天眷顾的土地上。在比利牛斯山的笼罩下，被海风吹拂着，比戈尔（Bigorre）也在生产优质猪肉这条道路上前进。

1981年，古老的加斯科涅猪只剩下了两头公猪和几头母猪。它们黑色的皮毛和横向的耳朵让它们很容易辨认。食品工业对它们不感兴趣，觉得它们的肉质太过肥腻，而事实上它们的价值就在于此。当地议员和整个产业之间的紧密合作，将为它带来新生。正如它的巴斯克邻居一样，比戈尔猪会在露天生活至少12个月，主要以青草、橡实和栗子为食。

玛丽-克莱尔·于尚（Marie-Claire Uchan）在离塔布不远的乌尔斯贝利勒（Oursbelille）村等着我。这位非常美丽的年轻女士拥有十分活跃的性格。作为农业工程师，她说她总是在为"帮助所有会动的动物"而奋斗。今天，她成了圣-贝尔特朗-德-克曼日（Saint-Bertrand-de-Comminges，244个居民）的镇长，喜欢在森林的边缘地带，在牲畜群中与人约定见面。动物的亲切陪伴为这场浪漫的散步带来了无与伦比的独特之处。那一天（在猪瘟警报之前！），一头野猪崴跑进了它的同类家猪的猪群。这是赋予动物空间自然属性的证据，但也是令人不安的源头：我们知道，从比利时阿登森林开始，野猪就携带着严重疾病。

在这比利牛斯山麓中，许多养猪人都做出了侧重质量的选择。

穿过老圣让（Saint-Jean-le-Vieux）的时候，别忘了代我向梅忒（Mayté）一家致意，他们是生产另一种高质量火腿，著名的伊巴亚马火腿（Ibaïama）的先锋。除了他的企业家才华，比如总是积极加入最新型的冒险，包括投入有机猪肉的产业以外，艾瑞克还是我见过的最有趣的人物之一。当他说起一辆载着老年游客的大巴到来的故事，和他刚在店里放了舒服座椅，就使营业额增长，以及他几乎可以进联合国教科文组织的遗产名录的厕所时，他身上散发出一股科鲁什（Coluche）[1]的气息。在离开他时，您也遗憾地离开了今天仅存的圆形香肠，闻名遐迩的巴斯克贝雷香肠（*béret basque*）。

在经历了那么多种不同情绪的交织和新友谊的缔结之后，我得向我的读者们认真交代些数字。

对于唯一一种虽无产地标识，但却有地理参照的火腿来说，它对伟大的追求体现了各种经济力量的平衡和行业的工业化。

西班牙塞拉诺火腿（Serrano）的分量（非常）重：每年售出1000万条。

然后是意大利火腿。所有火腿加起来甚至超过西班牙火腿的销量。帕尔玛火腿：800万条；圣丹妮尔火腿：250万条。

我们的巴约讷火腿尽管已经百般努力，但只达到120万条。

面对众多竞争者，我们的朋友们不过是小打小闹。比戈尔火腿年销8000条，甘特火腿年销才3000条。

1　科鲁什（1944—1986）是法国著名的幽默大师。

什么都吃？
不管怎么说，感谢！

直到最近，我还一直以为自己属于杂食性动物。我满足于这一点，一点也不觉得这有什么不好。

唯一的不安涉及我的健康。我每年做一个血液测试，查看我的胆固醇含量（梗塞是否威胁着我？）和血糖指数（我是否能逃过糖尿病这个世纪之病？）。

跨越千万千米去发现一个新的血肠或"美人欧后荷之枕"[1]这样的事，我以前常干；我也常常加入美食俱乐部，甚至有一段时间还当过美食评论家。作为一个里昂女人的孙子，我是在厨房长大的，或者用厨师行话说，是在"钢琴屁股里"长大的。而对于地域空间，我是先认识了葡萄产区，再认识其产地的，从地理学家让–罗贝尔·皮特（Jean-Robert Pitte）的哲学观念来看："葡萄

1　这是一道酥面皮内包肉馅的法国菜，形状酷似枕头。——译者注

酒就是液体地理。"

简而言之，我是个会吃的人。但"吃"是什么意思？我们可以活70年但却绝口不提某些我们必将承认其不可被忽视的问题。我承认我很惭愧，但我就是一个活生生的例子，证明营养和美食是两个世界，尽管最近出现了一些真正的交集，但交流不够。

于是，我咨询了我的妻子伊莎贝拉，她是一位医生，真的是我不在可悲的无知中死去的唯一希望。

也正是如此，虽然相见恨晚，但我还是充满热情地结识了蛋白、由一连串小化学元素构成的大分子、氨基酸。蛋白质是构成一切生灵的物质基础，是动物、植物或菌类这项大型工程中的"砖"。身体哪里都有，因为它扮演了所有的角色。支持我们的组织的胶原？是蛋白质。在血液中运送氧气和二氧化碳的血红蛋白？是蛋白质。为我们抵御疾病的抗体？还是蛋白质！调节我们的器官运行的荷尔蒙？还是蛋白质。

然而，我们的身体，不用说，当然是一架奇妙的机器，却忍受着一种双重缺点：

1. 虽然如果说它能自己制造大部分需要的氨基酸，但其中8种则是无法由它自身制造的，只能从食物中获得。

2. 它没有存储能力。这就是为何它需要定时进食。

在缺少日常供给的情况下，机体会缺乏各种营养。为什么营养不良的人会消瘦，直到变得像干尸一样？他们的机体没有供给，就只能通过吞噬自己的肌肉来获取蛋白质。

可以根据来源对蛋白质进行分类：动物蛋白和植物蛋白。

亲爱的读者们，你们可以安心了，因为你们已经猜到我要说什么了。你们明白了在走了一段科学的道路之后，我们终于要回到最简单，也是最尖锐的问题上来了：为什么要吃猪肉而不是蔬菜？

动物蛋白包含所有我们自身无法制造的氨基酸。而植物蛋白则缺乏我们必需的氨基酸。一般植物所缺乏的蛋白可以由谷物（主要是藜麦和荞麦，都富含氨基酸）和豆类（抗氧化剂，维生素和纤维）来弥补。

当然了，蛋白质并不足以满足人体的需求，人体还必须摄入糖（碳水化合物）、油脂（脂肪）、维生素、微量元素、矿物盐和大量的水。

从上述内容可以得出两个相反的结论。

第一个是在尊重某些规则的条件下，我们可以选择成为严格素食主义者或素食主义者。

第二个结论支持的是杂食。健康饮食的第一原则是**多样性**。这一多样性是生命的关键，也许是第一动力。这里，我作为一名字典编纂者，要不免一问：说**生物多样性**难道不是多此一举、同义迭用吗？哪一个生命（生物）不是多样的呢？

为了达成一种共识，并得出膳食方案，单单采纳营养学观点是不够的。

必须考虑道德问题：即使我们改善动物的福利，延长它们短暂的生命，我们是否也无权杀害它们？

还有生态问题：我们知道，动物会放屁，比飞机排放更多的温室气体。我们也知道超过一半的谷物只是用来喂养动物的。在这样的条件下，我们的星球能否长时间承受不断增长的牲群？

有一天，我们人类是否能避免动物的大反击？这场反击说不定已经开始了。

但我们现在，哪怕不是为了推迟这场反击战，至少为了让我们的灵魂更宁静，为了不背叛我们受到的良好教育，我们也必须**感谢**那些被我们夺去生命的生灵。

一本震撼人心的厚重之作，《超越自然与文化》，描述了所有表达感激的仪式。在这本改变了我存在的方式（是时候了！）的书的开头，菲利普·德斯科拉讲述了一段发生在亚马孙上游，在厄瓜多尔和秘鲁之间的故事。一个女人刚被一条可怕的矛头蝮咬了。她的丈夫，充皮（Chumpi）痛苦地哀号。他的妻子被攻击是他的错。一向只有一支弹丸吹管的他因为拥有了一支枪而狂喜，于是就胡乱对着猴子们一通扫射。林中动物的保护神之一朱力吉利（Jurijiri）便报复了他。德斯科拉还写道，老鹰或豹子就能毫不犹豫地杀死猴子。

"是的，但我们，"充皮回答，"我们是**完整的人**，应该尊重我们杀死的动物，因为它们对我们来说，就像**姻亲**。"

姻亲，我们怎能忘了这回事呢？

而我们是否真的配得上**完整的人**这个称号？

动物王国（包括人类）的福祉

养猪人已经明白了消费者的最新需求。这也是一次一箭双雕、改善他们自身福利的机会。

因为我不知道我们中的哪个爱说教的城市人会接受像养猪人那样每天承受那么多限制，收入又如此菲薄的情况。

消费者、业内人员、牲群：同样的斗争。在一颗"合伙人星球"上，利益应该是能够汇合的。

奶制品行业的各方参与者起到了带头作用。2020年1月，他们推出了自己的计划——"法国奶之地"（France terre de lait），其中包含了一系列最迟在未来五年应当达到的目标：产地保证，消除任何抗体痕迹，急剧减少每升奶留下的碳足迹，尊重与非政府组织共同订立的BEA（动物福利）的16大指标，将有机奶生产产量提高一倍，创造"牧场奶"这一概念（每年放牧120天，每天6小时，每头奶牛拥有10公亩的场地）。

2020年2月底，在第56届农业博览会上，饲养人优先考虑的是重新获得信任。由于不断被社交网络审查，网上留下揭示对待动物的恶劣行径的不少视频。再也无法否认这些真实的残酷行为，即使这不过是少数情况。必须开启一场辩论。这就是为何农民联合会在自己的网站上上传了《动物与人之间的关系的农民之声》（*Paroles paysannes sur les relations humain-animal*）一书。我们可以读到45位饲养人的口述实录，他们为自己的职业骄傲，并为自己遭受的指控感到震惊。下文是阿尔代什的放羊人芳妮·梅特拉（Fanny Métrat）的两段口述节选。

当人们因为我们屠宰我们的动物而把我们当作凶手，因为我们还在坚持驯养动物而把我们当作奴隶主，当人们对我们说狼比我们更有资格在山里生活时，我先是感到震惊，进而感到愤怒和不安，这实在太沉重了。

她还悲叹于

在西方，人们与土地、动物和生产行为之间，以及与自然和死亡之间产生了越来越大的隔阂。

米莉亚姆·加西鲁（Myriam Gassiloud），金丘（Côte d'Or）的母鸡养殖者如是说：

我们缺乏逻辑，到了不可置信的地步：动物保护者对动物养殖者发出死亡威胁。

2019年，国家食品委员会全票通过了一系列包括动物保护组织在内的具体建议。在每次国务委员会重组之际，人们都会谈论对动物所处的境况负责的……国务大臣的到来。

的确，希望总是换来失望。

法国病小素描

　　我现在要向你们讲述的历史是一段丑闻，一杯并不可口的鸡尾酒：包含了25%的傲慢，25%的对标准的痴迷，剩下的随便你们怎么叫——某种舒舒服服地控制整个市场的企业的贪婪，对失去香饽饽的恐惧，服务于这些企业的游说集团的能力，行政上的默契……

　　从2020年3月初开始，当新冠疫情的威胁越来越真实，而我们国家正爆出测试缺乏的丑闻，有人大胆提醒大家一个宝藏的存在：一个由75家公立实验室组成的网络，散布在整个法国，拥有4500名员工。这些省级实验室的责任是监控水质、食品卫生和……动物健康。每次出现一种疾病，疯牛病或禽流感，他们总是在第一线，因其拥有大量检测的能力（每天数万次检测），并能够获得所有可用的试剂。在公共卫生紧急状态下，其他欧洲国家会毫不犹豫地让这样的实验室投入工作。如果大部分疫情都是由动物引起的话，那就证明了病毒总是那几种，只是跨越了物种的界限。

简而言之，在听到马克龙总统发出的"总动员"号召后，省级实验室从3月15日起，就宣告随时待命。他们宣称每周能够完成30万份测试，并很快就能继续开展**血清**测试，也就是能够指出感染之后，获得免疫的血液中的抗体数量。

杰拉尔丁·威斯纳（Géraldine Woessner）为《观点》杂志（Le Point）写的一篇文章描述了接下来的丑闻。因为回应这一倡议的是一片寂静。更有甚者，接下来竟然出现了大家都熟悉的老调陈词："试剂还在研究之中，我们得遵守规定。"

尽管省际协会主席多米尼克·布瑟罗（Dominique Bussereau）和参议院主席（和前兽医）杰拉尔·拉尔歇（Gérard Larcher）多次干预，但卫生部仍然无动于衷。

最后等到4月6日，这些"动物"实验室的合作才最终建立。浪费了整整3周。

发生了什么事？

我再一次在弗吉拉尔街（251号）找到了我在农业部的朋友们。

这就是动物公共健康督察员行会会长，法国兽医学院主席让-吕克·安戈（Jean-Luc Angot）所告诉我的：

> 从2020年3月21日起，法国兽医学院数次请大家关注兽医实验室在新冠检测方面的巨大潜力。生产试剂的兽医

企业估计能够每周生产30万份病毒试剂（PCR）和100万份血清试剂，而省级兽医实验室每天可以做2万次PCR测试和8万次血清测试！

这些实验室都得到了授权，且能提供和人类生物实验室相同的卫生安全保障。用于测试大量牲群的自动装置使他们习惯于进行大规模检测。此外，冠状病毒广泛地存在于动物身上（猪、牛、禽、狗、猫……），因此也为兽医所熟知。而且新冠病毒来自动物世界。

在我们施加的压力下，授权兽医实验室的法律文件最后总算出台了。

遗憾的是，大区卫生健康局（ARS）的肯定意见姗姗来迟，这是由于公共卫生技术架构的反应迟钝，以及人类医学领域与兽医学领域之间令人遗憾的隔阂。

作为提出"同一健康"理念的有远见的先行者，如果劝路易·巴斯德来动员兽医实验室的话，他是一秒钟也不会犹豫的。另外，他也不会乐于看到那个以他的对手罗伯特·科赫（Robert Koch）的名字命名的研究所成为最先允许兽医实验室参与研究的研究所之一的！的确，大部分德国的国家实验室从疫情之初就得到召集，这使快速大量检测成为可能，还有意大利、美国（法国甚至可能生产测试盒供应美国！）、阿根廷、加拿大……

法国兽医界在这场危机的处理过程中，并没有得到充分联合，虽然它所掌握的经验和拥有的才干，尤其是在流行病学、微生物传播动力学和生化安全方面的经验和才干，本可以在动物（野生与家养）与人类之间的卫生健康连续性的框架下造福我们。别忘了75%的新兴疾病都是由动物传给人的。

除了这场行政部门之间的战争之外，还有学科之间的战斗。巴斯德时代的医生不也是把他当成个"化学术士"，因为他不是正儿八经的他们中的一员吗？

我们的"专家们"应当重新读一遍这则印度寓言。

某天阳光灿烂，6个有文化而好奇的盲人渴望遇见一只大象，好增长他们的见识。第1个凑过来靠近大象又粗又结实的肋部，他惊呼："神保佑我，大象就像一堵墙似的！"第2个盲人摸着象牙，喊道："哦！哦！又圆，又滑，又尖，我觉得这头大象很像一支矛！"第3个盲人也走到大象面前，手捧着扭动的长鼻子，叫道："在我看来，大象就像一条蛇。"第4个盲人迫不及待地伸出手，触摸大象的膝盖，然后决定认为大象应该像一棵树！第5个碰巧碰到了大象的耳朵，便说："哪怕眼睛再瞎，也该知道这奇妙的大象就像一把扇子！"第6个摸索着大象，然后抓住了在空中扫过的尾巴，就觉得好像很熟悉似的："我看呐，大象就像一根绳子！"

6个盲人如火如荼地讨论了很久，每个人都维护自己的看法，实在很难达成一致。一位智者经过，在听到他们的对话之后，总结道："你们说得都对！你们每个人对大象的描述都不一样，那是因为每个人都摸到了大象身上的不同地方。它身上确实有你们描述的所有部位。如果你们把你们给出的所有特征综合起来，那就能一观全局了。"

　　"哦！"6个人同时喊道。讨论戛然而止。他们都很高兴自己没搞错。每个人都拥有一部分真相。他们也很高兴能够参与到建设更大的现实图景中来，而不是囿于只提供一个小小的特征。

那死亡呢？

灵车、被孤零零地留在冷冻库里的棺材、无法举办的仪式、无人倾听的安魂曲、独自滑向他们最后的安居之处的死者、禁止入内的墓地：这些画面让我们无法平静。

但是，这些画面一如既往地诉说着故事。

新冠病毒借由我们再也无法亲吻的死者使我们直面死亡，这位我们的社会再也不想看到的老伙计。我们要他躲得越远越好，甚至强装听到好消息似的欢喜，预言"死亡的**死亡**"。

通过弗朗索瓦·密特朗[1]，我结识了玛丽·德·埃讷泽尔（Marie de Hennezel）。这位美丽而高挑的女士是心理学家兼心理治疗师，用她的情深意重陪伴了密特朗人生中的最后几年。

死亡附着在共和国总统身上。一直如此。远在他生病之前。

1　法兰西第五共和国第四任总统（1981—1995年在任），本书作者曾为其幕僚。

比起恐惧，他更醉心于死亡。不然你们为什么觉得他会在尼罗河畔度过最后的几次假期呢？埃及文明是一个已消亡的文明。他应该是想在那里等待针对最晦涩的谜团的启示。

某天，当我们乘他的防弹车去参加不知道哪个文化活动时，他突然问我，同时并不看向我："艾瑞克·阿尔努[1]，对您来说，死亡在什么位置？"想想看，我当时才38岁！

我总是聚精会神地阅读玛丽·德·埃讷泽尔的精彩著作，包括《亲密的死亡》(*La mort intime*)，这个标题听起来就很有智慧。

她于2020年5月4日在《世界报》(*Le Monde*)上发表的文章让我大受震动。尤其是我的女儿作为护士，刚刚加入了抗击新冠疫情的团队。

> 如果说对死亡的否认是我们西方社会的特征之一的话，新冠疫情标志着这一特征所达到的极限……随着科技的进步我们越来越不能接受死亡……无尽的进步的幻想……在死亡的沉寂下……结果是面对脆弱而必死的人类命运时的巨大集体焦虑……对死亡的否认让我们的生命陷入贫瘠……我们远离本质……正如社会学家达妮埃尔·埃尔维约－莱杰 (Danièle Hervieu-Léger) 所说："否认死亡的话，死亡就会通过否认我们的生命来复仇。于是，我们的

---

1 艾瑞克·阿尔努 (Erik Arnoult) 是本书作者的本名。——编者注

社会就变得惧死而致命。"……责任应该留给每个人来承担，而不是由某个全能的、幻想彻底消灭死亡的医学权威来规定……把一个老年人禁足在家是否有意义，如果他能相对平静地接受死亡的概念的话？……阻止他体验生命最后的欢乐……？我们有没有问老年人自己的意见？

没有比在面对瘟疫时更适合提出以下这些本质问题的情境了。

首先就是这个问题：至高价值是什么？健康？那哲学家安德烈·孔特·斯彭维尔（André Comte Sponville）要大声说，那爱和自由呢？难道是医生在领导社会吗？他们的任务很明确：救人性命，无论对方几岁。但是，说是不选择，难道他们最终不还是要选择？

谁会相信我们的资源是无尽的？

谁会想象我们总是能享受医疗，但同时却轻视预防？

或者换句话说，更直白地说，给予老人很多，却不因此从年轻人那里剥夺？

所以今天欠下的债，新债，只能让后来者们偿付。

这么有计划地摧毁未来，这真是奇怪的进步理念！我生于1947年，我很惭愧，是的，惭愧于自己也是吃着"再来一点"的甜奶长大的这代"婴儿潮"的一员。我们生于世界大战刚结束的时候，却即将成为制造大洪水的那代人。

还是蒙田总结得好（由孔特·斯彭维尔引用）："你并不因病

而死，你因生而死。"

　　因为你生，所以你死。死亡是你生命的一部分。如果你不死，那是因为你从未进入生；如果你不知道自己会死，如果你不记得你的终点，那你就会浪费你的生命，不会尊重生。

结语

　　从这场与动物结伴的旅行中，我始终心存信念，且这一信念将伴随着（至少）7个疑问。

　　这一信念来自巴斯德研究所的科研人员们，他们遍布全球26个国家，5年来，我紧密跟随他们的成果。生命，和健康一样，是统一的。*One Life*，*One Health*。

　　从**统一**这项事业出发，阿尔诺·丰塔奈是第一位使者。如果环境恶化，植物怎样繁盛？

　　而我们所属的动物王国，这脆弱的王国该如何自处？从最微不足道的病毒，简单的编码片段，直到最具奥秘的天才——爱因斯坦或巴赫，我们都是同一条生物链上的环节。

最近有一本书[1]恰好重温了人马的神话。是的，我们人类也是动物：杂交生灵。要知道，这本书的作者加布丽艾尔·阿尔佩尔（Gabrielle Halpern）从巴黎高等师范学院毕业，是哲学博士和古代哲学专家。她的职业也是她的热情所在，即帮助创业公司发展。她手握产业链的两端——过去与未来。这是另一种杂交。

很久以前，有一个人叫米歇尔·勒费弗尔（Michel Lefebvre）。他用他的生命探索这颗星球。他的探索起始于船上的驾驶台，因为他是商船队的船长。他的探索视角有所提升，因为他进入了国家空间研究中心，管理各种各样的海洋观测卫星的发射。我曾去拜访过他，请他向我解释墨西哥湾流（Gulf Stream）。他更喜欢向我讲述乘阿尔戈号去寻找金羊毛的希腊神话中光荣的航海家们的事迹。对他来说，地球就是这艘船，一艘迷失在天际的船，一艘我们应当学会掌控的船：或者说，我们应当懂得成为地航员——地上的水手——否则就会遭遇海难。我从来没有忘记他给我上的课。

在这艘船上，生灵们相互依存。全体船员的价值并不仅仅仰仗船长的能力，更取决于他最微不足道的行为。如果他操作失当，如果他丧失警惕性，那这场海上旅行就结束了，而且不会以美好的方式结束。

---

1 《大家都是人马！杂交颂》（*Tous centaures! Éloge de l'hybridation*），巴黎，Le Pommier 出版社，2020年。——作者注

一旦"**生命的统一**"这个原则被确立，随之而来的便是一连串疑问。

1. 我们还要继续否认死亡到什么时候？我们热衷于相信我们可以杀死死亡，以为死亡并不是生命的一部分，罔顾死亡其实是生命的统一的组成部分——无法分割的伙伴。这一妄想的策略是致命的，虽然它本该为生命服务。这对我们的自由而言是致命的，尤其是对最重要的自由之一——以我们所理解的方式死亡的自由。没有生的味道，没有生的风险（同时**也就是**死亡的风险），生命成了什么？

2. 我们是否要接受以健康作为唯一的原则，作为我们的社会组织的绝对首要问题？那根据什么标准，为了什么样的健康？以生命长度为准还是以生命质量为准？把治疗放在首位还是以预防为主？

3. 你们是否相信，你们是否真的相信在同一颗星球上，在同一艘船上，这一"生命的统一"原则和这个绝妙的生灵之间的不平等能够和平地、持续地共存下去？

4. 一场风暴总是使人回归本质。在陆地上，除了世界大战以外，还有什么是比全球疫情更可怕的风暴？"一个完全的社会对象"。而在所有"本质的东西"中，还有什么比食物更本质的？既然我们是我们自己的**食物**，谁吃什么？或者说是谁吃谁？由于没有足够注意这一本质问题，风暴已经开启了。

5. 在我们这个被急功近利压迫的社会，领导人是由根据他们的要求是否被立即满足来投票的选民们选出来的。我们的民主社会如何才能最终严肃对待**长期**的价值呢？是否应当选择我们以前的一位卫生健康方面的最高领导之一（因此必须注意措辞）想出来的解决办法：根据预期寿命，按照比例赋予投票权？

作为古稀老人，我只能投一票；我的儿子投5票；我的孙子投10票。我在法兰西学术院的同事们的平均年龄摆在那儿，所以不必说，他们一定会激烈反对这个简单而合理的举措。

6. 我们的思想遵循着一个多么奇怪的逻辑！仿佛是因为害羞或害怕发现事物的核心，它越是对某个领域感兴趣，就越是会远离它的核心。

我决不会愚钝地瞧不起空间探索，我对米歇尔·勒费弗尔的无尽感激可以证明，但为何要花这么多钱，只为知晓宇宙的另一端，却在覆盖接纳我们的星球四分之三的海洋上投入那么少？

为何花上百亿去开发这个所谓的"人工"智能，却砍去那些为了发现我们动物王国内部的互动机制而奋斗的人的经费？

说得更宽泛些，需要重新打造的是我们对知识的信任。我以前天真地相信，针对新冠的可靠疫苗的发明将出现在我们法国，笛卡尔的国家，而这被当作世界上最好的消息。完全不是！根据最新的调查，我三分之一的同胞会拒绝这一保护，虽然是唯一有效的保护。

7. 从所有这些事中，我们将记住什么，忽略什么？遗忘难道不会战胜记忆吗？

为了帮助我们的大脑记住这些事，请给它看看这一未来的认证肖像。

如果，在最后一位病人刚出重症监护室时，我们就让这艘地球飞船重新踏上疯狂旅程，结果各种失常接踵而至，数倍奉上，水位和温度上升共同夹击，那我们可以保证等待我们的一定是最坏的事。

而大家可知，我的蚊子朋友们对自己的明星地位被这个粗鲁的小冠状病毒夺去这件事还没有息怒呢。下一次进攻将由它们发起。可能带着登革热这个乘客，为什么不带呢？

至于"拯救地球"，我们要明白这不是我们的课题。需要拯救的不是地球。只要太阳继续发热（还有整整50亿年呢），生命会继续在这艘小小的飞船上存在的。

需要保护的是我们的命，**生命**。

从尊重——好心招待生命、招待我们的主人——我们的地球开始。

致谢和参考书目
晚到总比不到好

当我想到，在生活中学习两三件事要花那么多时间，发现一些我一无所知的领域，虽然这些世界与我近在咫尺，这些逻辑被我仰赖依靠。当我回顾过往，我惊恐于自己竟长期活在比盲目更糟糕的境地，游离于我自己的存在之外。因此，下面将列举的人名和书名带我进行了一场好运之旅，让我能够遇到一些人，他们某天会拍拍我的肩膀：艾瑞克，我说，你不觉得是时候了吗？是时候明白正在发生的事了。是时候懂得并为此发出惊叹了。是时候出于保护需要而懂得更多了。很遗憾，没有比感谢二字更好的词汇。多谢他们，我重生了。

第一个要感谢的，要隆重感谢的是陪伴我多年的伊莎贝拉，又名德·圣奥班医生。本书的第三和第四部分，"行医而不自知"和"生灵世界之旅"，是我们两个共同创作的，多亏了她丰富和精准的医学知识。伊莎贝拉也是最好的校对者。什么都逃不过她的眼睛：在她的身边，我有时候觉得自己不过是法语的初学者。

第二份感谢要献给友谊。

在我所有的著作中，这本书的诞生是与友谊关系最为密切的。它诞生于友谊的多样与慷慨。

朱利安·克莱芒，我的年轻而固执的人类学教授。

吉尔·伯夫，在他位于国家自然历史博物馆的叫人害怕的办公室（也是布丰的办公室）里，他给我上了关于生命的最初几课。

弗朗索瓦·骆丹，带我走进了医学昆虫学的神秘世界。

伊莎贝拉·奥迪思耶，我们的友谊从我们在南极洲的奇妙之旅开始。

让-巴蒂斯特·克伊齐尼耶，从我们对国家高等景观学院的共同热爱开始，他就是我的"科学顾问"，也是另一位叫人生畏的校对者。

博学多识的建筑师和景观设计师尼古拉·吉尔苏，从我在高等景观学院发现了植物世界开始，他就成了我的小兄弟。

多米尼克·布尔格——啊，多生动的证据啊！我们能够在任何年纪发现至交好友。

鲍里斯·杜夫罗（Boris Duflot），猪类研究所的经济中心主任，不可取代的专家，性格开放，为人慷慨，思想自由。

当然了，还有整个巴斯德研究所！想象一下那些教授们，都是怎样的教授啊！弗朗索瓦·雅各布（他为何离我而去？）、芭斯卡尔·科萨尔（Pascale Cossart）、安娜·贝拉·法约、马克西姆·施瓦茨、多马·布尔日隆（Thomas Bourgeron）、阿尔诺·丰塔奈、迪迪埃·丰特尼勒（在金边）；米尔达德·卡赞吉（Mirdad Kazandji）、安娜·拉韦尔涅和伯努瓦·德·托瓦西（在卡宴）。还要特别鸣谢让–弗朗索瓦·尚本（Jean-François Chambon）医生。在他的带领下，于科学中漫步成为了一场愉悦的盛宴。谢谢！

向兽医的智慧和知识致敬。感谢让–吕克·安戈，感谢迪迪埃·格里约（Didier Guériaux）。

无数书籍曾启发了我。在此列举其中几本。

首先是伊丽莎白·德·丰特奈的《沉默的走兽》。这里的"沉默"一词一下子让我明白，我以前并不懂得倾听。

然后显然是克洛德·列维–斯特劳斯的作品，第一本就是《结构人类学》（*L'Anthropologie structurale*，Plon出版社，1958年）和《野性的思维》（*La Pensée sauvage*，1962年）。菲利普·德斯科拉的《超越自然与文化》（Gallimard出版社，2005年）。弗雷德里克·科克的《被流感攫住的世界》（*Un monde grippé*，Flammarion出版社，2010年），不要忘了他和诺艾莉·维亚勒（Noémie Vialles）共同主编的一本激动人心的合集《社会人类学手册：因动物而病的人类》（*Cahiers d'Anthropologie sociale: Des hommes malades des animaux*，Herne出版社，2012年）。

还要补充的是阿兰·芬基尔克劳特（Alain Finkielkraut）以《动物与人》（*Des animaux et des hommes*，Stock-France Culture 出版社，2018年）这一直白的标题为名所汇编的文章。

巴蒂斯特·莫里佐建议的生存模式在《生存的方式》（*Manières d'être vivant*，Actes Sud 出版社，2020年）中展现得淋漓尽致。

在启发我多年的雅克·阿塔利（Jacques Attali）写的所有书中，包含《食品的历史：吃到底是什么意思？》（*Histoires de l'alimentation: de quoi manger est-il le nom?*，Fayard 出版社，2019年）使我受益匪浅。

最后，我怎能忘了米歇尔·赛尔（Michel Serres）和他的奠基性著作《自然契约》（*Contrat naturel*，François Bourin 出版社，1990年）呢？

我差点忘了一位杰出人物：米尔科·格勒梅克（Mirko Grmek）。他来自克罗地亚，在那里，他曾与纳粹主义作斗争。这位学识广博的医生和文献学家，精通达·芬奇，熟知克洛德·贝尔纳，在我们的高等研究应用学院教书。继《艾滋病史》（*Histoire du sida*）之后，他还写了《西方医学思想史》（*Histoire de la pensée médicale en Occident*）。在这部三卷本中，他回溯了疾病的概念，尤其是新兴疾病概念的演化。在他于2000年3月去世后，他的妻子露易丝·朗布里希（Louise Lambrichs）作为小说家和散文家，同时也对医学思想十分痴迷，继续出版着他的作品。

我还想提一本奠基性的提纲挈领之作，即瓦莱丽·卡巴纳的《地球的新权利：结束生态破坏》（*Un nouveau droit pour la Terre: pour en finir avec l'écocide*，巴黎，Seuil 出版社，2016年），以及一个我订阅的栏目：《自然的人，与生灵和谐共处》（*Homo Natura, en harmonie avec le vivant*，Buchet Chastel 出版社，2017年）。

三本精彩的历史书：

埃里克·巴拉泰的《人创造动物》（这书名起得真漂亮！文本的水准和书名一样高！ Odile Jacob 出版社，2003年）。

克洛汀·法布尔-瓦萨的《奇特的野兽，犹太人，基督徒和猪》（Gallimard 出版社，1994年）。

伟大的米歇尔·帕斯图鲁的《被猪杀死的国王》（Seuil 出版社，2002年）。

我们还可以增加一本书作为消遣：弗朗哥·博内拉的《猪、艺术、历史、象征主义》（Robert Laffont 出版社，1990年）。

两本关于病毒的参考书：

让-弗朗索瓦·萨鲁佐、皮埃尔·维达尔和让-保罗·贡扎雷斯的《新兴疾病》（IRD 出版社，2004年）。

让-弗朗索瓦·盖刚（Jean-François Guégan）、弗雷德

里克·多马（Frédéric Thomas）和弗朗索瓦·勒诺（François Renaud）的《被寄生的体系的生态学与演化》(*Écologie et évolution des systèmes parasités*, De Boeck 出版社，鲁汶，2012年)。还是这位让-弗朗索瓦·盖刚，我们可以加上一本他和马克·舒瓦奇（Marc Choisy）合著的《感染和寄生虫病的整合性流行病学导读》(*Introduction à l'épidémiologie intégrative des malades infectieuses et parasitaires*，De boeck 出版社，鲁汶，2009年)。

关于流感病毒的活动，除了弗雷德里克·科克的书以外，还有下列著作：

希波克拉底：《流行病论》，第四卷，第一部分：流行病第一章和第三章（les belles lettres.com）。

科琳娜·阿米埃尔（Corinne Amiel）：《病毒的向性：从动物到人》(*Tropisme des virus: de l'animal à l'homme*)，和《流感病毒与物种屏障》(*Virus de la grippe et barrière d'espèces*，Elsevier Masson 出版社，2010年)。

帕特里克·贝尔什（Patrick Berche）：《西班牙流感病毒的死亡与重生》(*Mort et résurrection du virus de la grippe espagnole*)，《历史委员会手册》(*Les cahiers du comité pour l'histoire*)，第一期，《流行病学史》(*Histoire de l'épidémiologie*)。

珈埃尔·昆茨-西蒙（Gaëlle Kuntz-Simon）：《猪瘟和猪流感病毒》(*Grippe porcine et virus influenza porcins*)，《流行病简

报》（*Bulletin épidémiologique*），第33期，法国食品安全卫生局（Afssa），家禽、猪类和鱼类研究实验室，普卢弗拉冈－布雷斯特。

菲利普·A.夏普（Phillip A. Sharp）：《1918年，流感与负责的科学》（*1918, Flu and Responsible Science*），《科学》（*Science*），2005年10月7日。

杰夫瑞·陶本伯格与其他：《自然》，437，889，2005年。

杰夫瑞·陶本伯格：2006年，《1918年流感病毒聚合酶基因的特征描述》（*Characterisation of the 1918 influenza virus polymerase genes*），《自然》，437（7060）：889-93。

杰夫瑞·陶本伯格，M.莫伦斯（M. Morens），《1918年，流感：所有世界大流行病之母》（*1918, Influenza: the mother of All Pandemics*），疾病控制与预防中心（Centers for desease control and prevention），2006年1月。

安托万·弗拉欧（Antoine Flahaut）：《流感疫情的流行病学》（*Épidémiologie des pandémies grippales*），《呼吸道疾病杂志》（*Rev. Mal. Respir*），25：492-6（Elsevier Masson出版社，2008年）。

帕特里克·贝尔什：《一个微生物的故事》（*Une histoire des microbes*）（John Libbey Eurotexte出版社）。

让娜·布吕日尔－皮库（Jeanne Brugère-Picoux）：《物种屏障的通道》（*Passage de la barrière d'espèce*），《汇流博物馆手册》

（*Les Cahiers du musée des Confluences*），第六卷（Passages 出版社，2010 年）。

　　一本高质量的药学博士论文：《猪的潜在利益：从药理学到疗法》，作者是安娜–索菲·樊尚–卢恩戈。

　　让–巴蒂斯特·德尔·阿莫的精彩小说《动物王国》（Gallimard 出版社，2016 年），和对积极活动的协会 L214 进行描述的《为动物发声》（*une voix pour les animaux*，Flammarion 出版社，2017 年）。J. S. 弗尔（J. S. Foer）以同样风格创作的《是否应该吃动物？》（*Faul-il manger les animaux?*，Olivier 出版社，2010 年）也无法绕过。

　　还有一本小说讲述了在非洲度过的童年，那里的动物并不总是善意友好：宝萝·贡斯当（Paule Constant）的《蝙蝠，猴子和人》（*Des chauves-souris, des singes et des hommes*，Gallimard 出版社，2016 年）。

　　当然还要重读动物变态（métamorphoses）方面的专家玛丽·达里厄斯克（Marie Darrieussecq）的著作，和她举世闻名的《母猪女郎》（*Truismes*，POL 出版社，1996 年），还要关注她翻译的奥维德，真是精彩至极。

　　在经济学方面，有一本清晰且极具说服力的小著作：安托万·马尔奇奥（Antoine Marzio）的《养猪业革新》（*Innovons dans le cochon*，L'Harmattan 出版社，2018 年）。

口舌之乐方面的书实在太难选择了。

作为前美食专栏作家〔为美食指南《戈尔与米约》(*Gault et Millau*)供稿〕，我暂列以下书目：

《我的猪，从头到脚》(*Mon cochon de la tête aux pieds*，Payot出版社，1998年)，是的！这是传奇的克里斯蒂安·帕拉(Christian Parra)所作的。他是拉加洛普旅店(auberge de la Galupe)的老板和黑血肠的经典做法的发明者。

克里斯蒂安·埃切贝斯特和艾瑞克·奥斯皮塔尔(Eric Ospital)组成的独一无二的二人组创作的《猪的全身都是宝》(*Tout est bon dans le cochon*，First出版社，2013年)。

西班牙美食护照，《吃橡实的猪》(*Bellota-Bellota*，Martinière出版社，2015年)，菲利普·普拉雄(Philippe Poulachon)作。

回到古代，在我热爱的地区来一场集体漫步：《当布列塔尼人开饭的时候》(*Quand les Bretons se mettent à table*，Apogée出版社，雷恩，1994年)。

别忘了经典之作：与《1984》一样震撼和有远见的《动物农场》(Gallimard出版社)，乔治·奥威尔的另一本杰作。

还有对无尽反弹的生命的不可逾越的描绘，伟大的诗人奥维德的《变形记》。泽维尔·达尔克斯(Xavier Darcos)刚刚出版了一本卓越的奥维德传记(Fayard出版社，2020年)。

还有艾莲娜！没有艾莲娜，这一切都不可能发生！艾莲娜·纪尧姆（Hélène Guillaume），另一位变态研究的女王，真正的奥维德笔下的人物！别搞错了，她在Fayard出版社的办公室酷似炼金术士的丹药房（但更明亮，且一眼望去看不到瓶瓶罐罐）。你们无法想象当我把一本关于**猪**的手稿交给她的时候，这些稿子有多么杂乱无章！她出版了这本书。

然后是索菲·德克洛塞（Sophie de Closets），Fayard出版社的老板。在她的信任之下，我们可以去往世界尽头。证据？这些**小猪们就是证据**！手稿一旦交出，你就开始颤抖了。"你准备好**一切重新开始吧**，"她锱铢必较，却看似漫不经心地透露出一两句话，意思是如果换一个结构，这本书可能会更好，"但最终还是你这个作者拍板"。

还有，既然绝对不能拿Stock出版社的老板曼纽埃尔·卡尔卡索那（Manuel Carcassonne）的嫉妒心开玩笑，那就请告诉他，我也爱他。

简而言之，我真是走运！

我不是要把自己当耶稣，但你们看到有多少动物在马槽里看顾我吗？